情绪掌控，决定你的人生格局

别让1%的情绪失控毁了你99%的努力

宋晓东 著

天 地 出 版 社 | TIANDI PRESS

图书在版编目（CIP）数据

情绪掌控，决定你的人生格局 / 宋晓东著. —成都：天地出版社，2018.1

ISBN 978-7-5455-3469-6

Ⅰ. ①情… Ⅱ. ①宋… Ⅲ. ①情绪—自我控制—通俗读物 Ⅳ. ①B842.6-49

中国版本图书馆CIP数据核字（2018）第312948号

情绪掌控，决定你的人生格局

出品人 杨　政
著　　者 宋晓东
责任编辑 张秋红　孟令爽
封面设计 末末美书
电脑制作 麦莫瑞
责任印制 葛红梅

出版发行 天地出版社
（成都市槐树街2号 邮政编码：610014）
网　　址 http://www.tiandiph.com
http://www.天地出版社.com
电子邮箱 tiandicbs@vip.163.com
经　　销 新华文轩出版传媒股份有限公司

印　　刷 河北鹏润印刷有限公司
版　　次 2018年2月第1版
印　　次 2018年2月第1次印刷
成品尺寸 145mm × 210mm　1/32
印　　张 8.75
字　　数 156千字
定　　价 39.80元
书　　号 ISBN 978-7-5455-3469-6

咨询电话：（028）87734639（总编室）
购书热线：（010）67693207（市场部）

想要真正地掌控自己的情绪，关键在于不断地去升级自己的认知方式，同时还要坚持不懈地去采取更加积极的行动，努力做到知行合一。只有这样，你才能将这本书当中的情绪管理知识转化为掌控情绪的巨大力量。

情绪掌控，

决定你的人生格局

讲真，“逗自己开心”是一项特别重要的能力。

实际上，这项能力反映着你情商水平的高低！

因为在情商的定义里，

包含这两项重要的能力——

“管理自身情绪的能力”和“自我激励的能力”。

情绪掌控，

决定你的人生格局

推荐序：不掌控情绪，不足以掌控人生

文 / 杨小米

（自媒体“遇见小 mi”创始人）

我是2007年读的大学，小宋老师是大我三届的同门师哥。我们都是心理学专业的，一个经常被大众误解的专业。

上大学的时候，作为大一新生，我们总会有几个特别崇拜的师哥、师姐，他们学习好、社会团活动做得也好，总是活跃在学校和院系的各个角落。在这些师哥、师姐中，小宋老师就是其中一位。

小宋老师英语特别好，考研英语考了差不多80分，他专门跟我们分享过英语学习方法。我还记得那个下午，我们在教科院的教室里跟着师哥练习发音。英语不好的我，用崇拜的眼神看着他，这一幕多年难忘。

后来，他去新东方做过英语讲师，但因对心理学的热爱，他最终走在了心理学这条路上，特别专注于积极心理学知识的传播。

研究生毕业后，小宋老师去了大学工作，后来开设了幸福心理学的课程，这门课成为他们学校最受欢迎的选修课之一。同时，他也通过公众号向大家传播积极心理学的知识。

这一切看起来都很好，但实际上，在这个过程中有很多煎熬的时刻：比如，当很多学生都把他当成情绪垃圾桶，不分时间形式地向他吐槽抱怨，而他却不懂得拒绝时；当他因为工作压力、学业压力而对家人发脾气时；当他因为过于追求完美，而把自己累倒住院时……

没有完美的生活，只有不断调整的情绪和心态。

小宋老师起初是个完美主义者，有时对自己近乎苛刻。因为童年时期的经历和原生家庭的关系，他一度处于外部表现优秀但内心痛苦挣扎的不平衡状态。

读大学时，小宋老师是班长、学生会副主席，学习成绩也是顶呱呱，但却因为人缘不好而饱受困扰；读研究生时，他依然很优秀，但却受尽了失眠的折磨；工作之后，他依然尽心尽力地用最高标准要求自己，但也因压力过大让身体发出求救信号。

或许是因为看了很多心理学的书，他自己也一直在积极地调整，小宋老师人生每个阶段的困苦都被化解了，这其实就来自于情绪调节和情绪管理的力量。

于是，他结合自己的专业知识和实际体验，出版了这本《情绪掌控，决定你的人生格局》。情绪，是贯穿我们整个生活的重要部分，不管亲情、友情、爱情，还是职场、家庭，情绪管理都是一个十分重要的话题。

孟昭兰在《情绪心理学》中指出：情绪与认知不同，它似乎与个体的切身需要和主观态度相联系。从这种联系中可以引申出情绪的两种特殊存在形式，其一为内在状态或体验，其二为外显表情，这是认知过程所不具有的特征。

但是，情绪和认知又是密切联系的。因为情绪可以发动、干涉、组织或破坏认知过程和行为。反过来，认知对事物的评价则可以发动、转移或改变情绪反应和体验。在小宋老师的这本书中，如何通过调整认知来改善情绪是一条重要线索。当然，书中也包含了“当我们更好地调控情绪的时候，也可以优化我们的认知”等相关内容。

不能掌控情绪就不足以掌控人生。

回想我自己的经历，也有很多时刻是因为情绪管理不当而错失机会的。我们很难去改变客观环境，但我们对自己却有绝对的选择权。当一件事情发生，你可以选择抱怨、生气、指责，也可以选择积极解决问题、理解体谅他人。不同的选择会带来不同的结果，而做出选择所依赖的很大程度上是情绪。

当时的情绪如何，决定了接下来的认知和行为如何。

在这本书中，小宋老师分六章分别讲了：在一些典型的沟通场景当中，我们应当如何对情绪进行管理才能体现出高情商；人际交往过程中“划定边界”的重要性；如何看待及应对压力；当自己处于情绪低潮期的时候，应当如何对自己进行有效的激励；一些典型的消极思维方式以及一些实用的心理自助方法。

这本书，没有枯燥高深的理论，都是你我日常都会发生的故事、都会遇到的状况，小宋老师用深入浅出的笔触分析问题的根源、情绪的变动及思维的转变，实际且实用。

我认识小宋老师的时候，他已经很优秀了，那时我就在想，为什么总有些人是令我们羡慕的，我为什么不是那样的人？

毕业这么多年，我们在上海也经常沟通、见面。后来了解到他很多经历，我才发现，他原来也是我，我亦会变成他。

小宋师哥原来英语并不好，是后来到城里上学，因为被同学笑话“蹩脚”的发音才暗自下功夫练的，以至于后来因为英语好还去新东方做老师，出国访问学习的时候更是毫无压力。

他也曾胆小敏感，害怕别人不喜欢自己，害怕辜负家人和领导的期望，自卑、愤怒、羞愧、悲伤、恐惧这些情绪都曾困扰过他。但是，这些并没有打倒他，他读了很多书，知道了情绪发生发展的机制，他学会了很好地控制和管理情绪，进而促进了一系列对自己有利的行动产生。

任何一个人，不管你现在状态如何，都应该学一学情绪掌控那些事儿，不为其他，只为能更好地掌控自己的人生。

自序：从现在开始，掌控你的情绪

01.

想象一下，你早晨去上班的时候，在公司走廊看到了你的上司。你满脸笑容，挥了挥手，向他打了一个招呼。但是不知道为什么，对方却没有理睬你。这个时候，你会产生怎样的想法？有何种情绪反应？

我曾经在课堂上问过不少学生，得到的答案也是千奇百怪。我将学生的答案分为了两大类，一类是悲观派，一类是乐观派。

悲观派的回答包括：糟糕，可能是我最近有什么事情把上司给得罪了；完蛋了，我在公司没有前途了；我总是一个不招人喜欢的人；等等。悲观派的情绪反应就是有些许忧伤，一上午都感觉心情沉重，或者是持续的郁郁寡欢。

乐观派的回答包括：可能是上司正在考虑问题，所以没看到我；上司的视力不好，所以没看到我；我长得太帅了，容易和别人产生距离感；等等。因此，乐观派并不会有什么强烈的情绪反应，很快就会把这件小事给淡忘，然后精神饱满地投入到一天的工作当中。

02.

也许有人会说，万一上司就是想通过不理睬你来表达对你的不满呢？没错，的确也有这种可能。

然而，真正的乐观派，绝对不是“把头埋进沙子里的鸵鸟”，对所有的危险信号故意视而不见。

一个真正的乐观派也许会这样想：“如果上司真的是因为对我有成见而不愿理睬我，也并不能说明我一无是处，至少我曾在某些方面取得过成绩，证明了自己的价值。”

或者是，“没有人会一直被鲜花所包围，每个人在工作中都难免会碰到问题，只要我更加努力地去工作，一定可以重新赢得上司的青睐和好评。”

总之，无论发生什么不好的事情，乐观派总能努力调整自己的认知来掌控自己的情绪，从而更加积极地投入到工作和生活当中。悲观派则很容易被负面想法和消极情绪所吞没，表现得畏首畏尾、忧虑重重。

时间久了，能掌控情绪的人就会越活越成功，不能掌控情绪的人则会越活越失意。

03.

上面这些内容，其实也反映了心理学当中“情绪ABC理论”所涉及的主要观点。“情绪ABC理论”由美国心理学家阿尔伯特·艾利斯所创建，他认为导致我们情绪后果（Consequence）的往往不是诱发性事件（Activating Event）本身，而是我们对这件事情的认知（Belief）。

换句话说，对于同一件事情，由于我们会采取不同的认知方式，因此会产生完全不同的情绪反应。正如同样是看到半杯水，有的人会说：“太好了，还剩下半杯水！”有的人则会说：“太惨了，只剩半杯水了！”

也就是说，我们所感知到的这个世界到底是快乐的还是忧伤的，往往不在于这个世界本身是什么样子的，而取决于我们采用什么样的眼光（认知方式）去看待这个世界。

因此，如果想要更好地掌控情绪，关键就在于要积极地改变我们的认知，将偏悲观的认知方式调整为更为乐观的认知方式。

所谓乐观的认知方式，在积极心理学之父马丁·赛里格曼的眼中，应当是这样一种认知方式：将失败或挫折看作是暂时的、特定的、由外在的原因所造成的，即“我最终可以通过自己积极主动的努力，来改变不太令人满意的现实”。

而贯穿这本书的一条主线就是，通过帮助人们改变对某件事情的认知方式，从而达到掌控情绪之目的。

04.

当然，“知道怎么做”和“在现实中真正能做到”是有很长一段距离的。也就是说，要想更好地掌控情绪，仅仅靠一两次的认知升级还是不够的，我们还需要采取持续不断的行动来强化和巩固新的情绪反应模式。

在社会心理学著作《影响力》当中，罗伯特·西奥迪尼曾经指出，人有很多固定的行为模式是“一按键就播放”的机械而规律，很难改变。

我们其实可以通过持之以恒的努力，来改变我们原有的那些不好的情绪反应方式，然后替换成更加积极的情绪反应方式。

哈佛医学院神经研究学者阿尔瓦罗·帕斯库尔·勒奥纳认为：“在整个生命过程中，可塑性是贯穿一生、时刻进行的正常状态。”我们的每一次认知改变和行为方式，实际上都是在重新塑造我们的大脑神经回路。

如果我们下定决心要掌控自己的情绪，那么开始的时候会很艰难，因为原有的神经回路也许会很强大，很难马上改变。但是，只要坚持采用更加积极的思维方式和行为方式，那么新的神经回路就会不断得到加强，最终我们掌控情绪的能力也会越来越强悍。

如果用一句话来概括上面这些内容，那就是：要想真正地掌控自己的情绪，关键在于不断升级自己的认知方式，同时还要坚持不懈地采取更加积极的行动，努力做到知行合一。只有这样，你才能将这本书中的情绪管理知识转化为掌控情绪的巨大力量。

如果我们不主动掌控情绪，那么我们就会被情绪所掌控。同样的道理，如果我们不主动掌控生活，我们就会随波逐流，被生活所掌控。

Contents- 目录

Part 1

突破思维：请远离消极的思维模式

Part2

有效沟通：高情商的人如何应对冲突

Part3

赢得尊重：你的善良，必须有点锋芒

Part4

压力管理：让压力变动力的管理秘诀

Part5

自我激励：自我怀疑才是最大的阻力

Part6

心理自助：快速化解负面情绪的实用方法

Part 1

突破思维：请远离消极的思维模式

在心理学当中，“完美主义”被定义为是一种“伴随着过度批评的自我评价，对工作设置过高的标准”。这种过高标准与恐惧失败相联系，从而导致人们产生回避行为、避免去做那些他们恐惧的事情。

戒掉完美主义心态，你才不会那么焦虑

01.

每周二和周四，通常都是我压力最大的时候。因为我要求自己，要在这两天的晚上，各完成一篇2000字左右的心理学主题文章。

其实，以我现在的写作速度，花两个小时写一篇文章并不困难。那么，为什么我会感到如此大的压力呢？答案其实就是四个字：完美主义。

我担心写出来的东西没有人愿意看，无法带给别人价值，最终变成了我一个人的自嗨。于是，每次在网络上发出文章之后，我都

会反复查看手机——看有多少人阅读、多少人点赞。如果阅读量和点赞量都很高，我就会感到很高兴。反之，就会很失落。

在这种苛求完美心态的影响下，有一段时间我开始有些逃避写作，很难享受写作这件事情本身带给我的乐趣了。

后来，在读《向前一步》这本书的时候，我读到了“完成胜过完美”这句话。据说，这句话印在了FACE BOOK总部的墙上。

这句话对我影响很大，非常有效地抚慰了我那颗苛求完美的、焦躁的心。我渐渐发现，再厉害的作者，也不能保证每篇文章都写得精彩。但是作为一名优秀作者，唯一能保持的就是持续不断地练笔，持续不断地输出。

因为只有持续不断地写东西，并且把这些东西发布出来，才会得到源源不断的反馈，进而让自己的写作能力有所提升。

而苛求完美的心态，只会让一个人害怕去写作，害怕去尝试，最终丧失了提升写作能力的机会，甚至连写出文章开头的勇气都没有了。

02.

在心理学当中，“完美主义”被定义为是一种“伴随着过度批评的自我评价，对工作设置过高的标准”。这种过高标准与恐惧失

败相联系，从而导致人们产生回避行为、避免去做那些他们恐惧的事情。

在大多数情况下，完美主义是工作压力的重要来源之一。为什么这样说呢？

因为完美主义会导致人们产生回避行为。说得再具体点，人们会因为害怕不完美而不断拖延，导致工作效率降低，从而陷入一种持续的焦虑情绪之中。

第一，完美主义导致做事情拖延。

很长一段时间以来，我一直想给一位来自澳大利亚的老太太写封感谢信。她的名字叫Heather，她是我在澳洲学习时的房东。当年她对我特别友好，带我四处游玩，请我吃饭，还教我弹钢琴，并且让我参加她的家庭聚会。临走的时候，我们还紧紧地拥抱在了一起。

但是苛求完美的心态，导致我在这件事情上一再拖延。我担心自己写的英文不够标准、出现语法错误，我担心字数太少很难表达出我的全部感情，等等。每次逢年过节，我总是想去做这件事，但是始终没有完成。直到有一天，我怎么也找不到她的电子邮箱地址了。这个遗憾，我只能一直藏在心底。

在《拖延心理学》一书当中，作者曾经明确指出，“拖延的人往往具有失败恐惧症”。而失败恐惧症又恰恰来自于完美主义的人格特质。

第二，完美主义导致做事效率降低。

以前的我，给别人发电子邮件的时候，都要花费很长一段时间。我会反反复复检查邮件的附件有没有添加、内容中有没有低级的错误。这种反反复复的检查，有时候近乎一种强迫。

而最终的结果就是，别人花十分钟就能发完一封邮件，我要花半个小时甚至更长时间才能完成。

在完美主义的作用下，我一天的做事效率也变得很低。因为我总是在逃避那些重要的事情，先去做那些不太重要的小事，例如：回复读者留言、在网上挑选书籍、回复朋友圈里的各种不重要的留言信息等等；而读书、写作以及工作中一些重要的事情一件都没完成。

第三，完美主义导致心理焦虑。

在《幸福，超越完美》一书中，积极心理学的讲师泰勒·本·沙哈尔指出，完美主义者很容易将小小的挫折夸大为大大的灾难，从而让自己的心情变得糟糕无比。

他还指出，“完美主义不但会引起焦虑，而且完美主义本身就是焦虑症的一种——对失败的焦虑”。

03.

下面，我们就来看看如何才能破除完美主义，减轻完美主义所带来的压力和焦虑情绪。

第一，相信“完成胜过完美”。

前些日子，我给自己许久未联系的一位老朋友打了一个电话。之前我一直在等一个“完美”的时机。例如，等到自己不忙了，等到自己心情特别好了，等到对方也想和我联系了……

有一天，我走在回家的路上，忽然想起了“完成胜过完美”这句话。于是，我马上就给这位老朋友打了一通电话。不巧，对方正在忙着应酬，我打电话时机的确不够完美。但是从老朋友的声音当中，我能感觉到，接到我的电话他很高兴，至少他知道我一直都在惦记着他。

看看你的待办清单，是不是有很多还未完成的事项？那么就请以“完成胜过完美”为武器吧，暂时把“苛求完美”的心态丢在一边，先努力把这些事情逐个完成。

但是请不要误解，我并不是在阻止你去追求卓越。因为我相信，一件事情只有先被“完成”，才会有被“完善”的机会。最终，才能从“完成”走向“完美”。

第二，把失败当成进步的机会。

每次在“简书”上投稿，我都会留意每篇文章的数据，尤其是会认真分析那些被编辑拒绝的文章。我把“拒稿”这种小小的失败看成是提升写作能力的最佳反馈，不断研究稿子如何才能获得通过。

因此，我在笔记本上记录下很多条反思记录，例如：文章一定要有一个吸引眼球的标题；文章一定要有干货，能够为读者提供价值；文章框架和结构必须清晰，方便读者阅读；等等。

每次发布文章之前，我都会对照这些标准认真阅读，然后，自己先修改几遍，再谨慎地投出，这样投稿通过率就会得到提升。

完美主义者的核心特质是害怕犯错误，害怕任何形式的失败。可是完美主义者应该知道：“人能犯的最大错误，就是害怕犯错误。”

其实，失败并不可怕，关键是你如何看待失败。完美主义者将失败看成是对自尊心的巨大打击，从而止步不前。而那些容易取得成功的人，则会将失败看作一种最佳的反馈，不断地改进自己，让自己向更加完美靠近。

第三，善于把握工作中的重点。

在工作前几年，我曾经是一个无药可救的完美主义者。每天从早到晚忙忙碌碌，专挑那些不重要的事情做来做去，有时候忙活一天下来，经常还会有一种非常充实的感觉。

后来我感觉不太对劲，整天忙忙碌碌，按说自己发展速度应该挺快的，可是怎么工作几年下来，自己还在原地踏步呢？例如，教育学生的时候，我还讲着同样一个段子；写文章的时候，还在引用几年前的案例。

经过一番认真的反思之后，我得出一个结论：自己其实掉进了一个很大的坑里。这个坑就是：**事事追求完美，不善于把握重点。具体表现就是，总是通过忙一些不重要的事情，来逃避那些真正重要的事情。**

后来，我向自己的完美主义发起了挑战。我开始允许自己在一些不重要的小事上做得不够完美。但是，在一些重要的事情上（例如读书、写作、提升自己等）狠花力气。

渐渐地，我养成了一个习惯——每天坚持从最重要的事情开始做起。每天早上起来，我会在手机的记事本上列出当天三件最重要的事情，再挑选当中最重要的那件事情，着手去完成。

一段时间下来，我发现自己的成长速度在不断加快，同时也不再像以前那样，总在夜幕降临的时候，不停地为自己的前途感到焦虑了。

比玻璃心更可怕的，是僵固式的思维方式

01.

丽莎大学毕业之后，花了很大的力气进入了一家非常知名的广告公司。两年之后，公司选派优秀员工去香港参加培训，丽莎积极提交了申请，但是很不幸，她落选了。

丽莎感觉很失落。这个时候，恰好遇到公司的业务繁忙期，主管一下子给丽莎安排了不少工作。丽莎忽然感觉异常焦虑，压力大得喘不过气，对未来的发展也失去了信心，她有了逃避问题的心态，向公司提出了辞职申请。

好吧，我承认，我刚刚讲了一个平淡无奇的故事。但是，这种

故事几乎每天都在不同的地方上演——有太多的人在遭受了一次打击之后，变得一蹶不振，破罐子破摔。

从表面上看，丽莎好像拥有一颗玻璃心。她因为一次小小的失败就备受打击。但是，隐藏在丽莎玻璃心背后的，却是一种比玻璃心更加可怕的东西——僵固式思维方式。

所谓“僵固式思维方式”是卡罗尔·德韦克在《心理定向与成功》一书中提到的一个概念，主要有三个方面的特征：

第一，僵固式思维方式认为，人的能力是固定不变的。这也是丽莎在落选之后会感到如此沮丧的原因。因为她认为自己的能力是固定不变的，如果这一次落选了，那么下一次一定还会落选。

第二，僵固式思维方式认为，人的能力是可以被某一次成败所证明的。如果遭遇失败了，那就说明自己的能力不行。因此，僵固式的思维方式会让人产生逃避失败的心理。所以，丽莎会产生辞职的想法。

第三，僵固式思维方式认为，失败是由自己的个人原因造成的。拥有僵固式思维方式的人，全然不考虑失败还可能是由外部因素造成的，例如缺少一点运气、客观条件限制等等。实际上，公司也的确考虑过让丽莎去香港参加培训，但是由于名额限制，这一次就没有选择她。也许公司下一次组织培训，会优先考虑丽莎，但是那个时候，丽莎早已从公司辞职了。

02.

通过上述分析，我们可以发现，采用“僵固式思维方式”的人，在受到失败打击的时候，很容易一蹶不振，人生也很难有什么大的发展。

与“僵固式思维方式”相对的，是“成长式思维方式”。什么是“成长式思维方式”呢？下面就让我们通过一个耳熟能详的例子来进行说明。

爱迪生当时在发明电灯泡的时候，曾经尝试了1600多种不同的耐热材料。据说当他试验到第1000种材料的时候，有一位记者过来问他：“爱迪生先生，为了发明电灯泡，您已经失败了1000次，为什么还不放弃啊？”

爱迪生说：“我没有失败1000次，我是成功了1000次。因为，我成功地证明了哪些耐热材料是行不通的。”

从爱迪生的回答当中，我们可以看出他具有一种和“僵固式思维方式”截然不同的思维方式，在《心理定向与成功》这本书中，作者将其称之为“成长式思维方式”。

采用成长式思维方式的人，会认为失败是暂时的，只要不断地总结经验教训，迟早会取得成功；同时一个人的能力是可以通过努力而不断得到提升的；而且，有时候失败是因为缺乏一些运气。只要不断努力，运气就会越来越好。

在《活出更加乐观的自己》一书当中，积极心理学之父马丁·赛里格曼教授提出，乐观者将失败看作是暂时的、特定的、由外在的原因造成的；而悲观者将失败看作是永久的、普遍的、由内在的原因造成的。

通过概念的梳理和对比，你会发现：所谓的“僵固式思维方式”，其实就是一种悲观的解释风格；而所谓的“成长式思维方式”，其实就是一种乐观的解释风格。

03.

那么，我们如何才能破除“僵固式思维方式”，转向“成长式思维方式”呢？

第一，不要让人生中的某一次失败来定义你。

我一直觉得自己是一个追求生命深度的人，同时我也觉得自己很适合做学术研究。于是，我产生了考博的想法。这一考，就是五年。

每一次，从考前焦虑到考试时的拼尽全力，从等成绩的万般着急再到得知落榜消息时的失落，这种折磨人的循环，我一连经受了好几年。

说实话，每次得知考博失败的消息，我都非常难受。尽管如此，我依然觉得自己只要再努力一把就能考上。“可能是自己还欠缺一点运气吧”，我默默地告诉自己。

终于，在第五次博士考试之后，我被录取了。在备考的过程中，我经常对自己说一句话：“不要让某一次失败来定义自己。”

拥有“僵固式思维方式”的人，很容易犯以偏概全的错误。他们会因为一次失败而对自己的能力产生严重怀疑，觉得自己就是一个彻头彻尾的loser（失败者）。这时候，他们应该告诉自己，“不要让某一次失败来定义自己。”

第二，把失败和挫折看成是成长的机会。

有人说，一帆风顺的人生注定是平庸的人生。为什么呢？因为人们在经历顺境的时候，心智很难得到成长。倒是在经历挫折之后，会让心智走向成熟。例如：

在经历了长达一年的失眠之后，我发现了逃避问题的巨大危害，开始懂得去追随自己的内心做事情。而且，我开始变得比以前更加积极主动，更加务实。

在经历了三年的异地恋之后，我变得更加珍惜爱情，因为我明白一份亲密关系能对心灵产生的积极意义。同时，我也懂了爱情是需要花心思去经营的，而不能仅仅靠激情去维持。

在经历了一段时间的偏头痛和糟糕状态之后，我懂得了休闲和运动的重要性，懂得了如何对自己的精力进行有效管理。

而采用“僵固式思维模式”的人，总是会认为人的能力是一成不变的，因此就会逃避各种失败和挫折，小心翼翼地待在自己的舒适区，最终错失大量成长的机遇。其实，他们应当把这些失败和挫折看成成长的机会，然后默默地告诉自己：

那些杀不死我的，必将使我更加强大。

第三，相信“越努力，越幸运”的人生哲理。

我刚刚收到一个销售电话：“您好，请问您对投资某某地方的商铺感兴趣吗？我们的商铺处于某某黄金地段，投资回报率非常高…”

和大部分人一样，没等对方把话说完，我就匆匆挂了电话。但是你要知道，这个世界上一定有人会耐心把电话听完，并且真的愿意去实地考察商铺，然后真的会买下商铺。否则，电话销售这个行业早就绝迹了。

一名成功的电话销售，必须具备一颗非常强大的心脏，否则很难取得好的业绩。来自积极心理学的一项研究发现，前10%乐观销售员的业绩比后10%悲观销售员的业绩多了88%。

所谓乐观的销售员，就是我们前面所提到的采用“成长式思维方式”的销售员，他们会把“客户粗暴地挂断电话”看成是“暂时的失败”。同时他们相信“越努力，越幸运”的道理，他们相信，只要不断地尝试下去，就一定会找到那个真正想要买商铺的人。

而对于一个拥有“僵固式思维方式”的销售人员来说，遭遇客户的拒绝简直就是对自己能力的极大否定，用不了多久，他们就会变得郁郁寡欢，信心全无，最终离开这个充满压力的行业。

所以对于一个拥有“僵固式思维方式”的人来说，一定要相信“越努力，越幸运”的道理。这可不是什么有毒的心灵鸡汤，其中的道理很简单：因为当一个人尝试的次数增多了，成功的概率也自然会跟着增加。

不要让那么多的可是，毁掉你那么大的野心

01.

一位学生过来找我咨询。

学生："老师，我对未来感到很迷茫，你能不能帮帮我？"

我："嗯，感到很迷茫，是因为你对未来没有明确的目标吗？"

学生："我有目标啊。我想学编程，然后去做游戏开发。最终，我想开发出一款超级棒的手游。"

我："哦，不错，很有野心嘛！那你既然有目标，为什么还会感觉迷茫呢？"

学生：“可是，像我们这种二本学校毕业的学生，根本就没有机会进入优秀的公司啊！如果不能进入优秀的公司，就没有办法和优秀的团队一起开发游戏了啊。”

我：“哦，那下面我们就一起来探讨一下，是不是二本的学生就真的没有办法进入优秀的游戏制作公司了呢？你是如何得出这个结论的呢？你是否能够找到例外的情形呢？”

学生开始陷入了沉默。我没有刻意去打破这种沉默，因为我知道沉默就意味着思考和转变正在慢慢发生。

过了一小会儿，学生打破了沉默：“也许二本的学生有机会进入好的游戏公司，可是这种概率太小了啊。”

我：“想要有所成就，走哪条路都不容易。你已经有了明确的目标，在这一点上你已经超越很多人。要不我们一起来探讨一下，如何才能逐步实现你的人生目标——成为一名优秀的游戏软件开发人员？”

学生：“可是，老师，我根本就不是学计算机专业的啊！”

我：“哦，据我所知，学校有相关的转专业政策，你可以考虑转专业啊？”

学生：“可是，老师，转专业很难啊，需要参加转专业考试，同时对第一年的学习成绩也有很高的要求，万一转不成专业该怎么办？”

我：“转不成专业，你依然可以在不耽误所学专业的前提下，参加相关的培训或者是考取相应的资格证书啊。”

学生：“可是，老师，这种考证培训通常需要花很多钱，而我只是一个穷学生啊！”

面对这么多的“可是”，我一时语塞，感觉自己的心好累。

02.

曾经，有人在网上向我请教问题。

提问者：“老师，我是一名乡镇上的小学老师，干五年了。我感觉周围的环境太封闭，没有任何挑战性。我对教学也没有什么兴趣了，因此想去市区重新找一份工作，您觉得可行吗？”

我：“你有一颗想要追求更好生活的野心，说明你不甘平凡，这一点很好。既然你已经挣扎五年时间了，相信你各方面应该考虑得都比较成熟了。而且和刚刚毕业的大学生相比，工作五年的你，也一定有了一定的经济基础，即使一时找不到合适的工作，生活也不会过得太艰苦。如果是这样的话，你可以大胆做出决定，去市区找份工作，慢慢起步，去过你想要的生活。”

提问者：“可是，老师，我对自己的能力没啥自信。我担心自己没有一技之长，去了市区之后根本就没有办法养活自己，该怎么办？”

我：“哦，那你就再多给自己一段时间，骑驴找马。利用业余时间去学习或打磨自己的一项核心技能，等到有了一技之长之后，再跳槽吧。”

提问者：“可是，老师，我不知道自己应该打磨哪一项技能啊？我曾考虑过成为一名心理咨询师，但又不知道自己是否真的适合做这一行，我该怎么办？”

我：“哦，适不适合做心理咨询师，要根据你的个人情况决定。我建议你去读一些心理咨询方面的书，然后看看自己是否真的感兴趣，再做决定。当然，你也可以报一个心理咨询师的培训班，接受一些专业的指导，建立一些这方面的人脉。这种方法或许更加直接一点，可以更加快速地解决你的一些疑惑。”

提问者：“可是，老师，我听说报心理咨询师的培训班通常都会很贵。万一我不适合做心理咨询师，培训费岂不白白浪费了！”

面对这么多的“可是”，我一时语塞，感觉自己的心好累。

03.

各位，不知道读到这里，你是否有和我一样的感受？

当我在和这些喜欢说“可是”的来访者进行交谈的时候，每当来访者说完一个“可是”，我就会觉察到心里产生了一种无力感，或者是一种深深的疲惫感。

因为我替他们的种种积极尝试，都被那么多的“可是”给拒之门外了。

在长期做心理咨询的过程中，这种感觉并不陌生。这种善于说“可是”的行为背后，其实隐藏着两种深层次的心理原因。

首先，善于说“可是”的背后，是一种自卑的心理在作怪。

那些善于找借口的人，骨子里往往有一些自卑。那么多的“可是”背后，实际上就是一个自卑的人在通过找借口的方式来维持自己脆弱的自尊心。

找借口的潜台词就是：你不能怪我的能力不强，我之所以无法实现目标是由于某种客观条件限制所造成的。

也许有人会说，那些善于找借口的人，好像都有很大的野心，看起来并不自卑啊？其实，我们可以把野心看成是自负的一种表现。自负和自卑就像一枚硬币的正反面，它们的共同点就是——没有办法客观地认识自己。而自负只不过是对自卑心理的一种过度补偿罢了。

其次，善于说“可是”的背后，是“逃避问题”的思维方式在起作用。

只要认真观察，你就会发现，那些总是在说“可是”，不停地在为自己找理由的人，根本就不想真正解决问题，他们总是在逃避问题。

不管有多么好的策略摆在他们面前，他们总能快速找到理由去否定这些策略。他们排斥采取任何实际行动去改变现实。

“逃避问题”的思维模式，实际上是很多心理问题的根源。斯科特·派克在《少有人走的路》一书中指出：

“规避问题和逃避痛苦的趋向，是人类心理疾病的根源。人人都有逃避问题的倾向，因此大多数人的心理健康都存在缺陷，真正的健康者寥寥无几。有的问题逃避者，宁可躲藏在头脑营造的虚幻世界里，甚至完全与现实脱节，这无异于作茧自缚。”

04.

下面，我们就来看一下如何才能摆脱总是喜欢说“可是”的思维方式。

我的答案其实很简单：**人生有两种痛苦——“逃避问题所带来的痛苦”和“直面挑战所带来的痛苦”。总是喜欢说“可是”的人，必须要从这两者之间选择一种痛苦去承受。**

下面，就让我们分别来看看这两种痛苦吧：

第一种痛苦是逃避问题所带来的痛苦，这是一种消极的痛苦。

为什么说这是一种消极的痛苦呢？因为当你逃避问题的时候，问题会一直摆在那里，无法得到解决。虽然你可以不断地说“可是”，找各种各样的理由，拒绝做出改变，但最终的结局就是，你退到无路可退，人生的道路越走越窄，这种痛苦甚至会演变成心理问题。

第二种痛苦是直面挑战所带来的痛苦，这是一种积极的痛苦。

为什么说这是一种积极的痛苦呢？因为你已经开始动手解决问题了，虽然在解决问题的过程中会碰到很多困难和挫折，但是在解决问题的过程中，你的潜力得到了发挥，你的能力得到增长，你变得越来越强大，最终成了生活的强者。

面对这两种痛苦，你会选择哪一种呢？是不停地说“可是”？还是勇敢地面对生活中的各种挑战，让自己变得更加强大？

这一切，都在你的掌控之中。

不要害怕孤独，因为它会让你精神饱满

01.

从我家到工作单位，单程需要两个小时的时间。也就是说，我通常要花四个小时对付上海拥挤的地铁。

有的晚上，我会在工作单位值班或者是上选修课，结束之后马上往家赶，到家也将近夜间十点了。

儿子出生之后，家里又多了一份牵挂。很多时候，我紧赶慢赶回到家，两岁多的儿子已经进入梦乡；第二天早上还没等儿子醒来，我就又要乘坐最早一班的地铁赶在早上八点之前上班。

我心里会感到很惆怅，因为来不及和儿子说一会儿话，和他好

好玩一会儿。我只好安慰自己说，至少昨天晚上，我和儿子呼吸了同一片空气。

回家的路程太远，要忙碌的事情越来越多。在家人的支持下，我在校内申请了住的地方，通常只在周末回家一趟。

于是，不能回家的我经常需要面对的一个话题就是，每天下班后，如何排解孤独感。

通常是，下班之后，我一个人从办公室走出来，回到一个人住的寝室换衣服，然后一个人去操场上运动一会儿，接着一个人去餐厅吃饭，再一个人回到办公室学习或写作一会儿，最后再一个人回到寝室休息。

作为一个生性内向敏感的人，孤独就像一股强大而又深沉的背景音，重重地揉进了我的生活里。

02.

起初，我很害怕也很讨厌这种孤独的感觉。为了排解孤独，我会打着留在单位好好读书学习的幌子，花费大量的时间玩手机，比如，刷头条新闻，看各种各样所谓的趣味视频。

这样漫无目的地玩上一两个小时的手机，随之而来的，是一种难以言说的空虚感。

还有人会通过谈恋爱来排解孤独。有学生曾经告诉我，因为害怕孤独，他就和一个女孩谈恋爱了，两个人在一起并没有什么心动的感觉，将来也没有结婚的冲动，只是为了共同打发无聊的时光罢了。我觉得，这是件很恐怖的事。

这个学生还煞有介事地告诉我说："不在寂寞中恋爱，就在寂寞中变态。"

这其实是一种非理性的恋爱观，不妥之处就在于把孤独等同于寂寞，同时把孤独看成是不好的东西。

改变我对孤独的看法的，是蒋勋的《孤独六讲》。他在书中这样写道："孤独并非寂寞。孤独和寂寞不一样：寂寞会发慌，孤独却是饱满的。""孤独没什么不好。使孤独变得不好的，是因为你害怕孤独。"

短短的两句话，我读了很多遍，感觉散发着睿智的光芒。

当害怕孤独的时候，喜欢走捷径的人就会不停依靠各种外在的刺激转移注意力。无论是玩手机、打游戏，还是随便谈一场没有质感的恋爱，都会让一个人远离饱满的精神世界。

而且，外在的刺激一旦停下来，就会马上陷入精神上的空虚。

03.

在长期和孤独相处的过程中，我慢慢开始觉得，孤独并不是一件坏事。而且，一个能够忍受孤独的人，才会走向真正的成熟。

首先，孤独的时候，我们要学会和自己相处。

蒋勋在《孤独六讲》中写道："我一直觉得，孤独是生命圆满的开始，没有与自己独处的经验，不会懂得和别人相处。所以，生命当中第一个爱恋的对象应该是自己。写诗给自己，与自己对话，在一个空间里安静下来，聆听自己的心跳和呼吸，我相信，这个生命走出去时不会慌张。"

哇，"写诗给自己，与自己对话"。这是一番多么美好的画面。这让我想起了李白的诗句："花间一壶酒，独酌无相亲。举杯邀明月，对影成三人。"总之，只有一个懂得好好和自己相处的人，才会活得更加自信从容。

其次，孤独的时候，我们依然应当保持生活的质感。

之前一个人的时候，我吃饭很凑合。到了饭点，就到学校的食堂里买点米加菜随便吃一下。心里想，等到周末回家再改善生活。

后来我想到，生命中第一个爱恋的对象应该是自己，我要对自己好一点，要过有质感的生活。于是下班之后，我就会到学校对面的商业广场，换着花样吃点好吃的。渐渐地，我知道了学校附近的餐厅哪一家的蛋炒饭做得最好吃，哪一家的羊肉泡馍最正宗。

一个人的时候吃点好吃的，会让我感觉到孤独带来的一种尊贵感。这和两个人去吃饭有所不同，一个人享受美食的时候不需要考虑如何迁就或取悦另外一个人，这样一来，就可以彻底感受自己和美食的相遇了。

最重要的一点，在孤独的时候，我们应当卖力地提升自己。

在孤独的时候，我经常会提醒自己，这可是提升自己的绝佳时机。只有在孤独的时候卖力地提升自己，才会让自己在未来融入人群的时候变得更加从容自信。

所以，在孤独的时光里，当忍不住要去玩手机、随意打发时间的时候，我就会反复告诉自己：不要随意挥霍这宝贵的孤独时光，否则就是白白地经历了这么多一个人的苦闷，而无法把这孤独时光变成在人群当中发光的资本。

慢慢地，我开始把自己下班后的孤独时光安排得井井有条。例如：下午四点到六点运动、吃晚餐；六点到八点读书或写作；八点到十点放松，和家人视频聊天；十点之后，读书，写反思笔记，准备睡觉。

渐渐地，我发现，利用好孤独的时光，可以让自己变得更加优秀。

在上面的文字当中，我为孤独添加了很多美丽的注脚。但是无可否认的是，人都有社会性的一面，没有人喜欢一辈子都过着孤独的生活。我真正要表达的是，当迫不得已要去面对孤独的时候，我们可以选择用更加积极的心态去化解。

孤独的时候，不妨写诗给自己，好好地对自己，让自己奋进。这样，孤独才能变成一种让人精神饱满的东西。

总感觉自己没啥自信？那就多去积累成功经验啊

01.

我从来不觉得自己是一个擅长写作的人，但是我相信勤能补拙的道理。在最近这两年，我一直都在坚持写作，截止到这篇文章为止，我总共写了20多万字的文章。

写着写着，一些文章陆续发表了。记得第一次接到某家报纸写专栏的邀请的时候，我激动得差点跳起来。随着成功经验的渐渐增多，我在写作方面的自信心也在不断提升。

记得刚开始在“简书”上发布了一两篇点击量还不错的文章之后，就开始有图书策划公司过来联系我，问我是否有意愿出书。

第一次收到写书邀约，我一点自信都没有，根本就不敢和对方谈条件。当时心里就想，“能有人看上自己写的文字，并且愿意帮忙出版，这已经很不错了。千万不要谈什么条件惹怒对方，否则对方一生气就不会和你合作了。”

随着被转载的文章越来越多，我逐渐成为很多平台的专栏作者。接下来，陆陆续续地接到好几个图书策划公司的写书邀约。这时，我已经能够非常自信地和对方谈条件了。如果要出版一本书，我不光对版税有要求，对首印数也有一定的要求。

如果你想要去写作，但又对自己的写作水平没什么自信，那么最好的方法就是多练笔。文章写好之后，还要在不同的平台上发表出来，让更多的人知道你、认可你。积累了一定的成功经验之后，你在写作方面的自信心才会得到不断提升。

当然，投稿的时候被拒绝是一件很平常的事情。记得我刚刚在“简书”首页投稿的时候，有时连投五篇，才有一篇文章被录用。

辛辛苦苦写完的稿子被拒，感觉真不爽。但我在心里默默告诉自己，不要放弃。嗯，投五篇才会被录一篇，根据这个概率，如果我想有十篇被录用，那么我就去写五十篇稿子好了。

只要有和自己死磕到底的精神，你就会发现，做成一件事情根本就没有很难。

02.

从小学到高中，班主任给我的年终评语当中都会出现同样一个词——自卑。而身边的同学给我最多的一个评价是另一个词——内向。

看到“自卑”和“内向”这两个词，相信你可以猜到，当众讲话这件事对那时的我来说，是一条多么难以逾越的鸿沟。

高考结束之后，我选择去外地上大学。当时我最开心的一件事情就是，终于可以到一个没有人认识我的地方去尽情生活了，因为这就意味着别人给我贴的那些负面标签，会暂时性地消失了。

最重要的是，我想改头换面，重新开始，做一个不一样的自己。

进入大学之后，我鼓起勇气，通过竞选当上了班长。这时我才发现，其实“自卑”和“内向”这两个心理特质并没有因为环境的转变而离我而去。它们一直都跟随着我，尤其是在需要我当众讲话的时候，让我很容易过度紧张。

作为班长，经常需要当着全班同学的面去说一些事情。即使是很短的一段讲话，我都会在心里准备很长时间。但是等到真正开始讲话的时候，大脑又陷入一片空白。

但是我相信自信心是可以通过自己的努力去培养的。为了锻炼自己当众讲话的能力，我抓住一切机会去锻炼自己的表达。

上课的时候，我会坐第一排，这样可以得到更多回答老师提问的机会。学校里只要有演讲比赛，我就咬咬牙、跺跺脚，先报上名再说。慢慢地，我当众讲话的能力在不断提升，我对自己的演讲水平也越来越有自信。

后来，我应聘到培训机构去教英语；再后来，我开始在学校上幸福课；我受邀到不同的地方去做心理学讲座，做讲座的时候，底下的听众动辄就是几百人。

我特别相信一万个小时成功定律。只要你在自己感兴趣的领域积累到10000个小时的努力，那么你就会成为这个领域的专家。

03.

读大学的时候，我学的是心理学，但那时我特别羡慕英语口语好的同学。于是在课余时间，我经常一个人跑到操场上去大声念英语。

有段时间，我特别迷恋“疯狂英语”，浑身上下都充满了一股子疯狂的劲儿。坦白说，疯狂英语的确让我变得敢于张开嘴去说英语，同时也练就了一口听起来还算不错的美式发音。

但是当我第一次和学校外教聊天的时候，我才发现之前那么长时间的一个人操练，好像只是在自己感动自己。虽然我可以背诵不少文章，张开嘴就可以复述自己背诵过的课文，但是我却无法和老外交流。

就从那一刻起，我意识到，要想锻炼出一口流利的外语，最有效的方式就是多去和老外对话，多去积累在这方面的成功经验。记住再多的英语单词，背过再多的英语文章，如果不能用英语进行熟练的交流，都没有办法拥有在英语口语方面的自信。

我开始努力去抓住各种机会找老外聊天，我尝试了很多办法，例如尽可能多地去参加各种各样的英语角、请外教吃饭、蹭外教课、报名参加国际会议的志愿者等等。有时候在学校看到有老外，我就会鼓起勇气走上前去和对方聊上两句。

再后来，我进入学校工作，开始给外国留学生做辅导员，于是有了更多的机会锻炼自己的英语口语。虽然没有什么厉害的英语证书傍身，但是随着和老外聊天的次数的增多，我对自己的英语口语也越来越有自信。

04.

在心理学上，有一个和“自信心”非常类似的概念叫作“自我效能感”。所谓“自我效能感”就是指个体对自己是否有能力完成某一行为所进行的推测与判断。

根据社会学习理论创始人班杜拉的理论，对“自我效能感”影响最大的一个因素就是“个人的成败经验”。其实，如果想要提高自我效能感，最直接的方法就是多积累一些成功的经验。

也就是说，如果在某一类事情上成功的经验越多，那么你就会在此类事情上越有自信。例如，如果你在当众演讲方面取得的成功经验越多，那么你就会对自己的演讲水平越有自信。

当然，父母、长辈、老师对你的鼓励也会提高你的自信，但是提高自信最直接的方法还是多积累成功的经验。

如果不努力积累成功的经验，纵使你读再多的心灵鸡汤文字、看再多的成功学书籍、别人给你再多的鼓励，都没有办法给你带来真正的自信。

那么，到底该如何积累更多的成功经验呢？答案就是要多尝试，不要害怕犯错误，先从一些失败的经验开始积累。只有从失败的经验当中不断地反思，继续尝试，才能积累越来越多的成功经验。当成功的经验积累到足够多的时候，自信心就有了。

不要让这六种自动负性思维，偷走你的好心情

讲真，我是一个非常敏感、同时又很容易焦虑的人。面对一些“不好”的事情，我经常会用一些消极的思维方式去解读，从而让心情持续低落。

很多时候，我庆幸自己学了心理学专业。通过学习心理学的知识，我对自己存在的问题有了更好的觉知。我也会运用所学的心理学知识，让自己更快地从负面情绪中走出来。

今天和大家分享的是：心理学当中认知疗法代表人物阿伦·贝克所提出的六种常见的自动负性思维以及相关的应对策略。下面，我们先来看看容易偷走我们好心情的，是哪六种自动复性思维。

01.随意推论

所谓“随意推论”，就是指容易不顾事实依据，首先想到最糟糕的情况，或者是对事情做出“灾难化”的预测。

举个例子。我的本科毕业证书，因为不小心和一层塑料纸黏在了一起，导致证书上面的字迹有些模糊。每当看到自己的毕业证书的时候，我的心里都会非常难受。

我经常担心有人看到我的毕业证书，会带着怀疑的眼神说：“你的毕业证书像是一张假证。”有时候，我甚至会沉浸在这种消极的思维当中无法自拔，心情长时间处在低谷之中。我甚至会想，辛辛苦苦念了四年大学，就好像白念了一样，因为毕业证书看起来像假的。

然而，这种消极的思维方式经不起认真推敲。并且，就算真的有人怀疑毕业证书的真伪，只要到教育部的网上平台去查询一下就可以了。何必整天处于惶惶不安之中呢?

02.过度推断

所谓“过度推断”，是指将某次意外事件所产生的不合理信念不恰当地应用在不相干的事件或情况中。

举个例子。我曾经因为一件小事和好朋友产生了一些矛盾。后来，我给这个朋友发信息，他始终没有回复我。从那以后，每当我给另外一个人发信息，如果对方没有马上回复我，我就很容易开始胡思乱想。

如果是给领导发送短信，领导没有马上回复，我就会想，“是不是某项工作做得不好，得罪领导了？”如果是朋友没有马上回复，我就会开始担心，“是不是自己又做错了什么事情，让朋友生气了？”如果是学生没有马上回复，我就会开始担心，“是不是自己说话的方式有问题，和学生产生距离感了？”

03.选择性概括

“选择性概括”是指，仅仅根据某个细节得出整体性的结论，而忽略背景中的其他重要信息。

举个例子，最近有一个机构让我帮忙录制一节心理学的公益课程。课程大概15分钟左右，需要一口气说完。录完第一遍，我感觉效果不错。但是重新听了一遍，却发现里面有一个口误。

于是，我决定重新录制一遍，结果连续录制了五六遍，总体效果都不如第一遍。由于对方要得比较紧，我就战战兢兢地把第一遍的课程录音发给了对方。同时在心里想，这一定是一次非常失败的网络课程，因为录音里竟然出现如此明显的口误。

然而事实证明，我犯了“选择性概括”的错误。这次公益课程听众反馈很好，也就是说听众并没有像我一样，因为一个小小的口误而否定整个课程。

04.夸大失误

所谓“夸大失误”，就是指任意夸大自己的失误和缺陷，深陷消极情绪当中不能自拔。

举个例子。我自己经常会为一时兴起说出的某句话后悔半天。真是应了那句话：一句话还没说出来之前，你是这句话的主人；而这句话说出来之后，你就变成了它的奴隶。

然而，并不是所有的话，都会造成灾难性的后果。因此，在很多情境下，我总是反应过度，过于患得患失。

在很多时候，对方可能早已忘记了我所说的这句话，但我还是会长时间沉浸在一股“焦虑加后悔”的情绪中不能自拔，这就是一种典型的“夸大失误”。

05.两极思维

两级思维指的是，将事情看成是非黑即白、非对即错的。

举个例子，每次写完一篇文章之后，我会向不同的平台投稿。

我内心深处经常遵循着这样一种逻辑——如果这篇文章没有被我所欣赏的平台录用，我就会觉得它一文不值，再也不想多看一眼。

这其实是一种典型的“两极”思维。有一次，我在微信上收到一个加好友的请求，对方是一家比较大的图书出版公司的编辑。仔细沟通下来才知道，这位编辑看到了我在订阅号上写的一篇文章，感觉不错，所以想问问我有没有出书的打算。

然而，这篇文章在我之前投稿的过程中，曾被不少平台拒绝过，所以也被我打入了“冷宫”，差点没删掉。没想到，这篇文章竟然吸引了图书编辑的注意。

06.个人化归因

所谓“个人化归因”，即认为一切不好的事情都是自己造成的，因此感到内疚或自责。

举个例子，在办公室里，如果有哪个同事心情不太好或者是不太愿意搭理我，我的第一反应就是——是不是自己不小心说错了什么话或者做错了什么事，让对方不高兴了？

在家里也是，因为和老人住在一起，如果岳父岳母心情不好，我的第一反应就是——是不是自己哪里做得不对，让老两口生气了？这其实就是一种典型的“个人化归因”。

上面详细探讨了六种常见的自动复性思维，下面我们就来看一些应对策略，方法主要有三个：

01.识别自动负性思维

通常来说，觉知问题是解决问题的第一步。

如果你被上面提到的这些自动负性思维所困扰，第一步就是要识别问题，将这些破坏好心情的“凶手”给揪出来。你最好将上面所提到的这六种自动复性思维认识得透彻一点，它们一旦开始瓦解你的好心情，你马上就可以有一个比较清晰的自我觉知。

如果无法识别这些自动负性思维，那么就很容易深陷消极情绪的旋涡中无法自拔，任由这些自动负性思维摆布，心情长时间都处于低迷的状态。

02.进行真实性检验

第一步就像是把影响我们的负性思维给“曝光”。第二步，我们就要对这些“凶手”进行严格地审问。这个时候，我们拥有的最有力武器就是——对这些自动负性想法进行真实性的检验。

只要以事实为依据和这些自动负性想法进行辩论，你就会发现：**绝大部分的自动复性思维都是站不住脚的，我们所担心的事**

情，99%都不可能发生。

比如说，在开头我的那个例子中，“毕业证书上的字迹模糊不清”并不等于“大学白念了”，因为有太多的事实证据可以证明我是读过大学的；再比如说，在录制语音课程时出现了一个小小的口误，也并不能说明整个课程都很失败，因为事实证明课程还是非常受欢迎的；等等。

03.顺其自然，为所当为

如果你无论如何，都无法停止大脑中这些不停运转的自动负性想法，该怎么办？

这个时候，我们可以借助心理咨询中的“森田疗法”，来指导自己摆脱这种反反复复却又无法停止的思考活动。“森田疗法”可以被总结为八个字：顺其自然，为所当为。

所谓“顺其自然”，就是指清醒地意识到，我们的情绪通常都有一个开始、高峰和衰退的过程。如果努力和这些思维相抗衡，是徒劳无益的。我们能做的就是，全然接纳这些负面想法和情绪的存在，不做无谓的抗争。

所谓“为所当为”，就是指不要受消极情绪控制，此时此刻你应该干什么，就去干什么。如果到了该运动的时间，那么你就去运动。如果到了该读书的时间，那么你就去读书。

即使你此刻心情不好，不想做这些事情，只想躺在床上胡思乱想，你也要坚持去做这些事情。因为只有通过做具体的事情，你的注意力才可以得到转移，心情才会一点点恢复。

如果能够做到以上三点，你就会发现，负面的思维方式和消极的情绪会慢慢消逝而去。更重要的是，你会发现，快乐和幸福的主动权其实一直掌握在自己的手心里。

Part 2

有效沟通：高情商的人如何应对冲突

冲突发生时，以客观事实作为依据进行解释就足够了。通常，在这种不亢不卑的解释之后，你会重新赢得对方的尊重。而且在下一次对方忍不住又要朝你发火的时候，他会三思而后行。

面对别人的频繁否定，情商高的人应当如何应对

01.

Lisa最近很不爽。因为单位人事变动，她迎来了一位新领导。

工作两年来，Lisa尽职尽责。老领导交办的事情，她总是尽全力去完成。在各种公开场合，老领导总是把Lisa作为先进典型进行夸奖。在老领导的眼中，Lisa是标准的三好员工。

然而，老领导的调任，仿佛也带走了Lisa身上所有的荣耀和光环。新领导上任之后，无论Lisa多么努力地表现自己，新领导始终对她不冷不热。

更令Lisa感到痛苦的是，新领导好像总是喜欢通过频繁地否定

Lisa来树立自己的权威。一会儿批评Lisa在工作中不注意一些小细节，一会儿又指出她在业务能力方面存在一些问题。

在心理学当中，有一个挫折-攻击理论。该理论认为，挫折会导致某种形式的攻击行为。受到频繁否定的Lisa，在情绪上波动很大。一向稳重的她，开始做出一些低情商的举动来。

比如，在部门的例会上，Lisa开始公开和领导唱反调；领导在微信群里通知消息的时候，Lisa很少主动回复。除此之外，Lisa还经常在背地里说领导的坏话，将领导妖魔化。

嗯，你没看错，Lisa正在选择通过一种低情商的应对方式，来葬送自己的职业前程。

02.

其实，Lisa的问题所在，就是她不知道在面对别人频繁否定的时候，应该采用哪种高情商的方式去应对。

这个问题其实挺具有典型性的。因为在职场上，总有一些人会自带否定他人的倾向。在工作当中，这一类人很少赞赏对方，而是带着挑剔的眼神去打量对方。喜欢否定别人的人，往往具有一种完美主义的人格特质，他们总能快速定位对方身上的不完美之处，然后进行否定。

如果做深入的心理分析，你还会发现那些喜欢否定别人的人，往往成长于一种权威式的家庭教育氛围当中。他们的父母往往都比较严厉，喜欢否定自己的孩子。因为父母是孩子的第一任老师，所以父母与孩子之间如何交往，通常会影响孩子成年后与其他人如何交往。

虽然上述这些分析，不能帮你马上去解决现实中的一些问题。但明白其中的道理，会让你下一次面对一个喜欢否定你的人的时候，不再那么难以释怀了。

像上文提到的Lisa一样，在面对别人的否定的时候，我们的第一反应往往是找机会进行反击，进而发泄自己的消极情绪。

但是，这种想法和做法不仅会让你的工作环境充满负能量，消耗你大部分的工作热情，更糟糕的是，整天盘算着怎么复仇，整天寻思着自己受到了哪些伤害，会浪费你大量的宝贵时间。

要知道，时间可是最宝贵的资源。同样的时间，我们如果用来提升自己，可以让自己变得更加强大。但是如果用在如何对付另外一个喜欢否定你的人身上，那么你就亏大了，因为这将会构成一笔巨大的沉没成本。

03.

下面，我们就来看一下，面对别人的频繁否定，情商高的做法应该是什么？

第一，接纳对方——也许对方并不仅仅在针对你。

我曾经有一个朋友，在和她沟通的过程中，我总感觉特别吃力，因为她特别喜欢否定人。她的口头禅就是："可是……""切……""哄小孩呢……"。

每次受到她的否定之后，我都会很生气。于是，我总喜欢去和她辩论。但这种辩论往往会使我更加生气。后来，我发现了一个真相，而且这个发现让我如释重负——那个喜欢否定我的朋友，也会频繁地否定其他的人。

所谓接纳对方就是指，当下一次有人否定你的时候，你不妨告诉自己："也许这个人并不是仅仅针对我，这只是他的一种固定行为模式而已。"

第二，接纳自己——相信你的价值是由自己来定义的。

有些人一旦遭到别人的否定之后，就会垂头丧气，感觉自己的存在没有任何价值，进而丧失在职场上继续前进的信心。

所谓接纳自己，就是指相信自己的价值是由自己来定义的，而不是由其他人定义的。当有人否定你的时候，你要大声告诉自己：即使得不到你的认可，我的存在依然具有价值！

当然，要想自信地说出上面这句话，你的身上最好有那么一两项过硬的技能，或者是有一两项拿得出手的兴趣爱好。

因为如果你有一两项过硬技能，你就不必过于看别人的脸色吃饭了，“此处不留爷，自有留爷处”；如果你有一两项兴趣爱好，那么就可以在心情不好的时候，通过做一些自己真正感兴趣的事情来转移注意力，让自己的心情得到拯救。

第三，专注提升自己——这是你唯一能够把握的东西。

在开头的那个例子当中，Lisa之所以会感到特别难受，是因为她自己没有办法控制住领导对她的态度——即使是努力去做，依然会被挑毛病，所以Lisa非常有挫败感。

从心理学的角度来讲，很多痛苦的产生，就在于一个人执着于去改变自己无法改变的事情。很多时候，我们是没有办法控制另一个人对待我们的态度的。有时候，即使你做得特别卖力，对方还是有可能去否定你。

这时候，不妨告诉自己，此刻我唯一能把握的东西，就是专注去提升自己。因为只有当自己变得更加强大了，才会更加有自信，别人也会更加尊重你。

第四，让别人知道你的厉害之处——因为酒香也怕巷子深。

我有一个朋友特别厉害，在一家国企工作的他，不仅持有赛车的驾照，而且口才特别好，经常在业余时间被很多大公司邀请去客串大型活动的主持人。

但是有一天，他告诉我，他也经常被自己单位的领导否定。我说："你都这么厉害了，也会被领导否定？"他告诉我："我的厉害，领导又不知道。我还在微信上把领导给屏蔽了，不让他看我的朋友圈。"

"为什么不让领导知道你的厉害之处呢？"我问他。"我不想显得太高调啊！"他回答道。

在现实生活中，有很多人误解了"高调"的真正含义，只有那些没有真正实力还到处显摆的人，才叫高调。真正有实力的人，适当地展现自己，怎么能算高调呢？要知道，酒香也怕巷子深啊！

后来，在我的建议下，我的这位朋友有意让领导知道了自己的厉害之处。他还积极地参加学校组织的一些活动，自告奋勇地去当主持人。后来，领导越来越看重他，很少再当面否定他了。

第五，积极给予对方肯定——用互惠法则去影响对方。

喜欢否定别人的人，往往喜欢通过否定别人来抬高自己。其实，在他们的内心深处，特别渴望别人给予自己积极的肯定。

无论否定你的那个人是你的领导，还是你的同事，如果你能主动去肯定那个经常否定你的人，那么或许他就会慢慢卸下身上的防御机制，丧失原本的攻击性。

在心理学上，有一个“互惠法则”，说的就是：当你给别人一个恩惠的时候，别人也会忍不住偿还给你一个恩惠。同样的道理，当你尝试给予对方积极肯定的时候，对方也会忍不住用同样的方式对待你。

然而，问题是，你是否有足够的勇气和胸怀先迈出第一步？

如果有人对你大吼大叫，如何做才能体现高情商

01.

在大学即将毕业的时候，我到一家培训公司实习。没过多久，部门主管给我安排了一项任务——有一批学员的课程即将结束，让我组织一场联欢会作为告别。筹备时间比较紧迫，只有三天的时间。

在那三天时间里，我几乎用尽了全身力气去筹办这次晚会。虽然做了很充分的准备，然而晚会当天还是出了状况——晚会马上就要开始了，但是演出人员的服装还没到位。

然而，当初在筹办晚会的过程中，我曾经向主管请示过是否需要统一购买服装的问题。当时主管的回答是：“公司去年办晚会

的服装还在仓库里，就不必浪费钱去购买了，到时我让Lucy去拿。服装、道具这些事情你不用管，你只要负责把晚会节目给搞好就行了。”于是我就抓紧时间去忙其他的事情了，服装的事情我再也没有过问。

但是等待我的，却是一场暴风骤雨。那天，主管当着众人的面，对着我大吼大叫：“现在大学生怎么都这么不靠谱儿，晚会都快要开始了，服装都没搞定！你让我今后怎么信任你！这些简单的问题还需要我一遍又一遍地提醒你吗？”

主管的吼声很大，周围嘈杂的环境一下子就安静下来。当时的我，初出茅庐，从来没有受到别人如此严厉的批评。我开始发挥逆来顺受的“传统美德”，站在原地，呆若木鸡。

其实，我想告诉主管：“这件事并不是我的错，当时您明明告诉我会安排Lucy去做。”但是在一股强大的压力之下，我的喉咙里发不出任何声音。我就这样保持着沉默，眼睛里闪烁着一些晶莹的小东西。

这件事当时对我打击很大，并且成为我最终没出息地从那家公司离职的导火索。现在回忆起来，我的心情还是难以平静。之后，我经常会反思：当面对一个对你大吼大叫的人时，除了沉默之外，到底还有没有更好的方法去应对？

02.

后来，在《心理学与我》这本书中，我学到了应对“大吼大叫”的聪明做法，觉得非常受益。如果当年我能早点读这本书，当时就不会那么难堪了。

那么，面对别人的大吼大叫，情商高的人通常会如何应对呢？下面，我们就来和大家分享书中所提到的三个实操性很强的步骤：

第一步，保持镇定，复述对方发怒的原因。

当有人对你大吼大叫的时候，最好的办法其实是保持镇定。等到对方发泄完后，平心静气地复述一下对方发怒的原因。也许你觉得这个步骤比较奇怪，但实际上这却是缓和双方情绪的一个重要步骤。

从心理学的角度来讲，这个过程是确认对方的感受。而急于和对方辩解，其实就是在否定对方的感受。否定对方感受，只会激起对方更加强烈的反抗。

回到开头的那个例子中，当主管朝我大吼大叫之后，我应该镇定地告诉他：“您觉得活动是我负责的，所以当您发现服装还没准备好的时候，感觉非常生气。这一点我能理解。”

当你非常镇定地去陈述对方发怒原因时，对方可能会有点小小的吃惊，甚至是小小的愧疚。因为和对方较为感性的处理问题方式相比，你的回复充满了理性，充满了素养。而且，这种充满理性的回复，很容易把对方拉回到理性的状态。

第二步，如果对方错怪了你，那就要不亢不卑，耐心解释。

第一步的目的是为了化解对方的怒气，而第二步则是为了把问题解释清楚。如果这件事不是你的责任，你应该不亢不卑地解释清楚问题的原因。

在开头的那个例子当中，我可以对主管说："可是，在之前向您汇报关于服装问题的时候，您曾经非常明确地告诉我，服装、道具这些事情我不用管，我只要负责把晚会节目给搞好就行了。不知是不是您忘记了，当时您把服装的事情交代给了另外一名同事负责。"

记住，在解释的时候，不要加任何感情色彩，只是以客观事实作为依据就足够了。通常，在这种不亢不卑的解释之后，你会重新赢得对方的尊重。而且在下一次对方忍不住又要朝你发火的时候，他会三思而后行。

第三步，如果对方没有错怪你，那就要马上认错，及时承诺。

如果对方根本就没有错怪你，那么在对方大吼大叫结束之后，你就需要马上认错，并且及时承诺今后不会再犯类似的错误了。

这个时候，你依然需要保持冷静、理智的态度。人非圣贤，孰能无过？不要觉得犯了错误就大难临头了，关键是你要及时向对方表达自己知错能改的态度。同时，这也会给对方一个台阶下。

如果你不能马上认错，及时表明自己知错能改的态度，那么这往往会让发怒的另一方感觉更加生气，甚至会说出“真是死猪不怕开水烫”之类难听的话。

03.

下面，让我再举一例子，看看如何运用上面这三个步骤来应对他人的大吼大叫。

假如有一天，你早上上班的时候，领导一上来就朝你大吼大叫。他说你是猪脑子，竟然忘记关闭办公室里的电源了，结果让中央空调开了一夜，费了很多电。

如果是你遇到了这个场景，结合上面所讲的知识，你该如何有效地去应对呢？

第一步，保持镇定，复述对方发怒的原因。

你可以这样来回应：“您觉得我是最后一个走的，应该在走之前关掉空调。然而您却发现空调没关，所以您对我很生气。您的心情我能理解。”

第二步，如果对方错怪了你，那就要不亢不卑，耐心解释。

接下来，你可以这样回应："如果我是最后一个走的，我一定会记住关闭所有电源的。但是在我走之前，办公室还有其他人在加班呢。您可以再和其他人确认一下。"

第三步，如果对方没有错怪你，那就要马上认错，及时承诺。

你可以这样来回应："抱歉，的确是我走得太匆忙，忘记关电源了。下次我一定会确认好所有的电源都关闭之后，再离开办公室。请您放心，对不起。"

04.

在学会这三个步骤之后，最后我还要给大家三点温馨提示。

第一点职场提示：以上三个步骤并不适用于所有的企业文化。

我们知道，在美国西点军校里，新生在面对长官问话的时候，只能有四种回答："报告长官，是！""报告长官，不是。""报告长官，没有任何借口。""报告长官，不知道。"

像西点军校一样，在很多推崇狼性文化和官僚等级制度森严的企业里，当领导对你大吼大叫的时候，过多的解释是不合适的，而且只会让你死得更惨。如果你正好在一家宣扬"平等""民主""尊重"价值观的公司工作，例如一家外企、一家好玩的互联网企业等等，那么以上三个步骤就特别适合你去学习。

第二点职场提示：不要当着太多人的面反驳领导。

我们上文所讲到的第二个步骤是：如果对方错怪了你，那就要不亢不卑，耐心解释。

但是需要提醒大家的是，如果有很多人在围观，这时并不适合做过多的解释。因为领导会觉得很没面子，觉得这是在当众挑衅他的权威。更加明智的做法是，选择一个更加合适的机会单独向领导解释。

第三点职场提示：要敢于维护自己的边界。

我们所讲的这三个应对步骤，所包含的一个核心理念是——要善于做到不卑不亢，敢于维护自己的边界。很多职场上的小白，受一些错误价值观的误导，把“要么忍，要么滚”等诸如此类的处世哲学奉若至宝，但我觉得这是“奴性太重”的表现。

当你在面对不公平待遇的时候，如果每次都选择忍气吞声，那么你会发现，有越来越多的人过来欺负你。因为你不懂得维护自己的边界，而人们都愿意挑软柿子捏。时间久了，你就会感觉活得越来越压抑，浑身上下都充满了负能量。

总之，当面对别人的大吼大叫或者是不公平待遇的时候，能够采用一种有礼有节的方式去维护自己，才是职场高情商的真正表现。

当你感到愤怒的时候，试试非暴力沟通吧

01.

小C刚刚踏入职场的时候，是一位愤青。遇到一点不公平或不爽的事情，他经常会马上表达出来。情绪激动的时候，他还会直接开骂。

后来，他在职场上碰了壁。身边的一些老同事经常劝他做人要低调一些，不要太情绪化，否则容易惹是生非。

在老同事的长期洗脑下，小C终于改掉了他鲜明的个性，几乎很少再去表达他的愤怒了。但是，这不是故事的结尾。

故事的结尾是，在随后的日子里，由于小C长期压抑自己的愤怒

之情，导致整个人都变得郁郁寡欢，丧失了生命的活力。后来他还去看了心理医生，被诊断出了抑郁症。

根据心理学的相关理论，抑郁往往来自于对愤怒情绪的长期压抑。当被压抑的愤怒情绪无处释放，那么这些被压抑的心理能量就会将矛头指向自己，转化为心理抑郁。

看到这里，你也许会产生一个疑问：既然把愤怒的情绪发泄出来容易破坏人际关系，而把愤怒压抑在心底又容易导致抑郁，那么到底该如何是好呢？

其实，表达愤怒的方式不仅仅只有单纯地发泄情绪这一种（例如，责骂他人等）。下面我们就来看一下，还有哪些方式可以用来宣泄愤怒的情绪？

02.

根据《非暴力沟通》一书，当我们生气的时候，一般会有四种方式来表达自己的愤怒，分别是：责备自己、指责他人、体会自己的感受和需要、体会他人的感受和需要。

下面，我们就来介绍一下这四种方式。在阅读这篇文章的时候，你可以稍微留意一下，自己通常都是通过哪种方式来发泄愤怒的。

第一，责备自己。有的人会在愤怒的时候，不停地责备自己。责备自己太过懦弱，责备自己没有力量去改变现实，等等。然而，这种对自己不停的责备，并不会化解愤怒情绪，反而还会导致内疚、惭愧等情绪，甚至会让自己厌恶自己。

第二，指责他人。这是人们在愤怒的时候，最容易选择的一种发泄方式。然而，这种方式，很容易图得一时之快，却无助于问题的解决。有时候，这种方式还会火上浇油，让问题变得更加严重。

第三，体会自己的感受和需要。愤怒的核心是尚未满足的需要。如果在发怒的时候，总是一个劲儿地抓住别人的错误行为不放，那么我们就会越来越生气。

但是如果我们能够认真探究导致自己如此愤怒的真正原因，用心去体会自己是不是有什么心理需求没有得到满足，从而将注意力放在自己的身上，那么我们的怒气就会慢慢消失。

例如，同样一句话，有的人会听听就过，有的人则会暴跳如雷。对于那个容易暴跳如雷的人来说，让他人愤怒的真正原因可能并不是那么一两句话，而是他感觉到自己没有得到充分的尊重。

如果这个人能够认真去探究一下自己为什么会如此敏感，那么他就不会继续为那一两句不中听的话而感到愤怒不已了。

第四，体会他人的感受和需要。只有不幸福的人才会去伤害人。因此，那个朝你发怒的人，一定是一个不幸福的人。他的身上，一定有某一项需求没有得到满足。

用心去体会他人的感受和需要，你就会发现，那个责骂你的人其实是一个自身需求没有得到满足的可怜之人。当看到他令人同情的一面时，也许你就不会感到那么愤怒了。

有时候，我喜欢把一个人的发怒行为解读为："求求你，关注一下我吧！"

上面总共介绍了四种处理愤怒情绪的方式。不难看出，前两种都是比较消极的情绪处理方式，后两种是比较积极的、具有建设性意义的情绪处理方式。

03.

下面，我们就通过两个具体的例子来诠释一下，如何运用后面两种积极的方式来处理我们的愤怒情绪。

我们先来看看第一种处理愤怒情绪的积极方式——**学会体会自己的需求和感受。**

每当我在节假日收到电话或短信，需要我帮忙去做某件事情的时候（例如，有人发微信说希望我马上解答他的心理疑惑），我都很容易发怒或抓狂。

我会因为诸如此类的一个电话或一条信息影响一整天的好心情。这时候我会想："我又不是你的私人心理医生，凭什么要我随时随地回答你的心理疑惑啊？！"

但是当用心去体会自己发怒的原因时，我就会发现：自己之所以很容易因为被打扰到而感到愤怒，是因为"自己渴望静下来好好休息"的需求没有得到充分的满足。

由于做学生工作的缘故，我在工作日通常需要处理很多事情。在这种忙碌的状态下，很难好好放松。所以，我很渴望能够在周末或节假日好好休息一下。

认识到这一需求后，我开始注重调整自己的工作节奏，并且学会了忙里偷闲（有时候，我会主动停下手中的工作，站在窗边喝一杯茶）。渐渐地，我发现自己渴望好好放松的需求得到了充分的满足。同时，我再也不会把"对休息的渴望"全部寄托于节假日了。

如此一来，我也很少因为"在节假日休息的时候被电话或信息扰乱"而那么容易感到愤怒了。

04.

接下来，我们再来看看第二种处理愤怒情绪的积极方式——学会体会他人的需求和感受。

就在写这篇文章的前两天，我的一个学生给我发了一条微信。他在一家外企工作，隔着手机屏幕，我都能感觉到当时他的情绪比较激动。

“老师，赶快劝我几句，否则我马上就要和主管开撕了！她真是欺人太甚！她总是对上海本地人笑脸相迎，对我们外地人不停地找碴儿，这就是区别对待！刚刚她又过来对我的工作挑毛病，我准备和她大吵一架，大不了我就走人！”

收到这条微信，我马上劝学生说：“你先不要激动，现在你除了深呼吸什么都不要做，先冷静五分钟再说。”

接下来，我又问了这个学生几个问题。第一个问题是：“你觉得主管因为你是外地人所以故意找碴儿，那么除此之外，你能否再列举一条她朝你发怒的其他原因？”

过了一会儿学生回复我说：“还有一个原因就是，我的主管刚刚新官上任，很想把工作做好。由于她急于得到上面领导的认可，所以就压迫我们底下的员工。”

“那你感觉自己的工作是否存在问题，从而导致她过来找碴儿呢？”我又问道。“我的工作也有一些问题，但我就是看不惯她那副德性。”学生回答道。

“也就是说，她并不仅仅因为你是外地人才针对你，或许她是因为工作上的事情才朝你发脾气。又或许，因为她担心自己所带的团队表现不好，没有办法给她的领导留下好印象，所以才朝你们发脾气。”我继续开导学生说。

当我慢慢引导学生去理解他人的体会和感受的时候，我发现学生开始慢慢放下了“主管因为我是外地人所以才故意找我碴儿”的不合理归因方式，学生的怒气也慢慢消失了。

“老师，谢谢你，我现在感觉心情好多了。我还是先把自己手中的工作做好吧，有机会我想和主管好好聊聊。”学生最后回复我说。

看到学生回复的信息，我开心地笑了。希望今后当你在忍不住要发怒的时候，不妨尝试着去体会一下自己或他人背后真正的心理需求，或许这才是更好的化解愤怒情绪的方式。

朋友心情不好的时候，如何安慰最有效

01.

讲真，当朋友心情不好的时候，如何给予对方及时、有效的安慰，能体现出一个人情商水准的高低。

这句话可不是乱讲的。因为从心理学的角度来分析，情商不仅包括如何管理自身情绪的能力，还包括如何调控他人情绪的能力。而如何有效地安慰别人，就属于调控他人情绪的能力。

在现实生活中，有很多人拥有一颗安慰别人的心，但是说出来的话却是刀刀伤人，反而把对方的心情搞得更加糟糕。接下来，我们就来剖析几种容易适得其反的安慰人的方式。

第一，看轻事情的重要性。

比方说，你的好朋友明天要去考驾照。他感觉很焦虑，因为之前的两次考试他都挂了。在考试前一天，他过来向你寻求安慰。

你张口就给他一句："这有什么大不了的！不就是一次小小的驾照考试吗？放松心态去考吧，明天一定会过关。"

这种安慰人的方式，根本就起不到效果。因为这种安慰的潜台词就是——"你太容易焦虑了，你的心理素质太差了。"从本质上说，这种方式所犯的错误就是——看轻事情的重要性。

第二，火上浇油式的评判。

当你的朋友感到心情不好的时候，千万不要再火上浇油去提醒他的错误了，尤其是在他已经感到比较自责的时候。

例如，你的朋友不小心把钱包弄丢了，正在难受。这时你来了一句："你也太不小心了吧！钱包这种重要的东西应当贴身保管好，怎么能随便塞到一个口袋里呢？"

这种事后诸葛亮的安慰方式，给人的感觉就是：一点都不真诚、一点都没有用、一点都不暖心。你的朋友本来就因为丢钱包的事情够难受的了，还要再挨你一顿训。这种火上浇油式的评判，只会让一个人变得更加难受。

第三，自恋式地提建议。

当一个人感觉心情不好的时候，往往希望有一个人能够听他倾诉，而不是给他提各种各样的建议。

所谓自恋式地提建议，就是指有些人在安慰别人的时候，不仅喜欢提建议，还喜欢顺便夸耀一下自己。而夸耀自己的方式就是，滔滔不绝地讲自己在遇到同类问题的时候，是如何轻松解决的。

例如，你的好朋友大学英语六级考试没有通过。你安慰他说："六级考试真的很难吗？我当时裸考一次性就通过了。只要英语基础好一点，考前熟悉一下题型就OK了。"

这种提建议的方式，散发着一股浓烈的自恋气息，只会让你想安慰的那个人，心情变得更加糟糕。

02.

好了，在列举了三种无效的安慰人方式之后，让我们再来看一下，如何安慰人最有效。

第一，静静地听对方把话说完，不要急着提建议。

对于一名心理咨询师来说，倾听是一项很重要的沟通技术。如果心理咨询师能够运用好这一项技术，那么就能让来访者快速从心理上感到安慰，心情上得到舒缓。

前些日子，在读马斯洛的《动机与人格》这本书的时候，我对

“倾听”在安慰别人的过程中所发挥的作用有了更深入的认识。书中讲到，一个良好的倾听者，不仅可以帮助对方更好地宣泄情绪，更重要的是，倾听者在认真倾听的同时，也向对方传达了“我很尊重你”的信号。当一个人“受尊重”的需求得到满足之后，他在心理上的痛苦症状也会得到减轻。

如果你在谈话的时候很容易插话、不擅长倾听，我可以提供一个倾听的模板作为参考。请确保除了这个模板上的话之外，尽量不要再多说其他话了，只要不断循环往复就可以了：“哦，哦。是吗？还有呢？原来是这样啊！哦，哦。”

单是静静地听对方把话说完，就能让对方在心理上得到很大的安慰。假如一开始就着急给别人建议，只会取得适得其反的效果。因为急着提建议，就说明你想要改变对方。而急着改变对方，就说明你在否定对方之前的做法，这些都会阻碍良好的情感交流。

记住，只有当你不想马上去改变一个人的时候，才能做到对他真正的陪伴。

第二，运用同理心去安慰对方。

在心理咨询的专业书籍当中，“同理心”是一个被人反复念叨的名词。可是，到底什么才是同理心呢？在《沟通的艺术》这本书中，我读到了一个关于同理心的定义，觉得解释得非常清楚：同理心（empathy）是指从另一个人的角度来体验世界，重新创造个人观点的能力。

“带着一颗同理心去倾听”主要包括两个方面的内容：第一个方面是获得观点（perspective）——这需要中止你的论断，将自己的意见放在一边，同时试着去了解令对方感到难受的深层次观点是什么。

第二个方面是去体会情感（emotion）——更加贴近地去体验别人的感受，去感受他们的恐惧、喜乐、伤心等感觉。同时，也要在对方表达真实感受的时候，给予一些积极的反馈和回应。

假如你的一位朋友，连续三年竞选公司的主管职位失败，你该如何用一颗同理心去安慰她呢？

第一个方面：获得观点。从表面上看，你的朋友也许是因为竞聘失败而感到痛苦。但是在她的内心深处，也许隐藏着更加深层次的错误信念——她会认为连续竞聘失败，说明自己是一个能力很差、活得很失败的人。她非常害怕去面对这种内心深处的无力感，这才是导致她感到心情郁闷的真正原因。

这个时候，如果你能安慰朋友说：“即使竞选主管失败，也并不能说明你的能力很差，至少你在另外一些方面有闪光点。”这样一来，你的朋友就会感觉宽慰很多。

第二个方面：体会情感。你可以这样表达："我能够理解你的这种痛苦感受。如果我也连续三年都竞选失败，可能会更加难受。"这样做的目的就是，更加贴近地去理解对方的真实感受。如果对方诉说自己的真实情感的时候，你没有认真去体会，只是一味地看轻事物的重要性，那么心与心的沟通很快就会停止。

只有做到以上两个方面的内容，才能到达同理心的最高境界——让朋友感觉到你是在真诚地关心他（她）。

第三，从积极的角度看待问题。

所谓从积极的角度来看待问题，其实就是提醒你的朋友，要善于看到挫折当中的积极意义。

我的一个朋友，曾经因为工作上的事情不顺心而经常失眠。后来，我就安慰他说："失眠的背后，往往是大范围未解决的问题。说不定你的身体正在通过一种特殊的方式提醒你，是时候重新梳理一下你的工作，甚至该考虑是否要换一份工作了。"我还推荐朋友去读加藤谛三专门写失眠的书——《写给失眠者的心理学》。

这种安慰方式，让我的那位朋友换了一个更加积极的角度来看待眼前的艰难困苦，为失眠这件事情赋予了一种积极的意义——失眠是在提醒他，是时候做出一些改变了。

后来，我的那位朋友经过一番深思熟虑之后，下决心换了一份自己更加感兴趣的工作。虽然工资比以前少了一点，但是他却很少失眠了。他后来专门给我发了一条很长的微信，感谢我说，在他心情最糟糕的时刻，我给了他最有价值的安慰。

第四，提供真心实意的帮助。

安慰别人最有效的方式除了“说”之外，还有“做”。

英语中有一句谚语：“Action speaks louder than words.”请允许我适当地意译一下这句话：当朋友需要安慰的时候，说那么多有什么用，不如撸起袖子来真正帮他做点什么。

记得读小学六年级的时候，我从一所城市的小学转到一所农村的小学。数学课上，老师经常要用到一本习题集来做课堂练习，但是我没有买到这本习题集，只能干瞪眼，心情也感到很焦急。

那时农村小学没有复印机，于是班上的同学开始自发地帮我抄这本习题集。经过一个星期的努力，六七个同学硬是为我手动完成了一本习题集。最后，他们将这本“手抄版”的习题集作为礼物送给了我。

对我来说，这是最棒的安慰方式。那时我的同学不知道说什么漂亮的话来安慰我，却通过真心实意的帮助，让我感受到了这个世界的温暖。

适当的自我坦露，能够帮助我们更好地掌控情绪

01.

在一次心理学主题培训活动中，我们几个来自不同学校的心理老师组成了一个临时小组。在讨论完课堂任务之后，我们几个人你一言、我一语地聊起了各自的工作和生活。

和以往不同的是，虽然大家都是初次见面，但是我们好像心有灵犀一样，都没有在开始的时候戴上完美主义的人格面具，拼命展现自己最美好的一面。

相反，我们像老朋友一样，聊起了自己在工作和生活中的一些无奈和纠结，展示出自己脆弱的一面，然后互相给予劝慰和精神上

的支持。在那次为期五天的培训结束之后，大家就像是知己一样难舍难分。

02.

我参加过很多次心理培训，为什么这一次可以和这几位老师在短时间内结下如此深厚的友谊呢？

我想答案就在于，我们几位老师都不自觉地运用了沟通当中的一项技术——自我坦露。

在罗纳德著的《沟通的艺术》这本书中，作者对自我坦露是这样定义的：所谓自我坦露（self-disclosure），就是指真诚地分享一些与自己相关的信息的过程，而且这些信息通常是重要的、不为人所知的。

那么，为什么说“自我坦露是沟通高手所必备的一项说话艺术”呢？因为，自我坦露可以在沟通过程中带来诸多好处。

首先，适当的自我坦露可以促进关系的建立和维持。

心理学的相关研究发现，自我坦露对于维持成功的关系会起到积极作用。还有一项研究发现，自我坦露的品质和婚姻的满意度之间也有着很强的联系。

就如同文章开头所举的例子一样，大家在交流的时候，并没有像在大部分社交场合中那样表现得很“装”，而是努力表现自己最为真实的一面，甚至是脆弱的一面。我们几个人也因此快速拉近了心理上的距离。

这一点其实不难理解，想想看，有谁喜欢和一个看起来“有点假”的人做好朋友呢？适当的自我坦露，可以让另外一方感觉到你的真实和真诚，这些都有助于深度关系的建立。

其次，适当的自我坦露有助于情绪的宣泄。

一项心理学的研究发现，适当的自我坦露可以提供心理和情感上的双重慰藉。

心理咨询当中有个说法，叫作“说出来，就好了”。这个说法体现了情绪表达的重要性。自我坦露的过程其实也是一个情绪宣泄的过程，如果能够把握好度，那么就会有一种“一吐为快”的感觉。

再次，适当的自我坦露有助于形成人际交往的良性循环。

在社会心理学著作《影响力》这本书当中，作者提到了一个重要的社交法则，叫作互惠法则。所谓互惠法则，就是指当别人给了我们一些好处之后，我们会发自本能地去回报对方。如果没有及时地回报对方，我们就会在心灵深处对对方产生一种亏欠感。

一项心理学的研究发现，一个自我坦露的行为会引发另外一个自我坦露的行为。说白了就是，当你向别人说了自己的一些小秘密之后，在互惠本能的驱使下，交谈的另外一方也会忍不住去说一些自己的小秘密作为回报。

当两个人在进行完一番自我坦露之后，彼此的关系自然就可以得到深化，从而形成人际交往的良性循环。

03.

也许你已经发现，我在谈论“自我坦露”的好处的时候，都小心翼翼地在前面加了两个字——“适当”。也就是说，并不是所有的自我坦露都具有积极意义，只有把握好“度”的自我坦露，才是值得推崇的沟通艺术。

换个角度说，自我坦露是有风险的。例如，作家约翰·鲍威尔曾经说过：“我不敢告诉你我是谁，因为假如我告诉你我是谁，你可能会不喜欢这样的我，而那却是我的全部。”

假如一个男人这样向他的女朋友进行自我坦露，“亲爱的，我真的不喜欢你整天这样黏着我，这样我一点自由空间都没有了，我甚至对这样的生活有些厌烦了。”这样说，肯定会让女朋友感到气急败坏。

如何做到适当地自我坦露呢？下面我们就来分享自我坦露过程

中所需要注意的三条原则。

第一，这个人真的能够理解我吗？

当你准备向对方进行自我坦露的时候，首先应当问的第一问题就是："这个人真的能够理解我吗？"如果你和对方的交情不深，并不确定对方是否具有同理心，那么在进行自我坦露的时候，最好三思而后行。

因为对于一个无法理解你的人来说，当你在进行自我坦露的时候，有可能得到的不是理解和安慰，而是被忽视或二次伤害。

所以在进行自我坦露之前，最好先和对方进行一些试探性的谈话，谈话的目的就是试探对方是否具有同理心，是否愿意倾听你。如果对方是你多年的好朋友，那么你就可以省略这一步骤。

第二，自我坦露的量与方式合适吗？

见人就诉说自己的痛苦或者是脆弱一面的人，就如同祥林嫂一般，不会招人待见。

记得之前在读书的时候，我遇到一位老师，她特别喜欢在课堂上讲她的儿子，这就是没有把握好自我坦露的量。一项心理学研究发现，虽然学生很欣赏那些向他们进行自我坦露的老师，但是他们也不希望过多听到老师讲自己的私生活。

所以，在进行自我坦露的时候，一定要注意自我坦露的量。

《菜根谭》中有这样一句话，说得很有道理："见人只说三分话，不可全抛一片心。"其次是自我坦露的场合，一般来说，相对于公共场合，我们更加适合在私人场合找一个信得过的朋友坦露自己脆弱的一面。

第三，自我坦露的风险合理吗？

在职场上，自我坦露是有风险的。尤其是在谈论自己的身体状况、情感生活、对领导的不满等情况的时候，需要格外小心。

举个例子，最近部门领导给小A安排了很多任务。于是小A逢人便说，自己工作压力很大，压力大到想哭。并且她还常常把对领导的不满挂在嘴边，结果这些负面的声音最终传到了领导的耳朵里，领导很是不满。

后来，领导把小A调离了原来的重要职位，给她安排了一个闲差。虽然工作轻松了很多，但是工资和福利待遇都下降了很多。调岗之后的小A，哑巴吃黄连——有苦说不出。要怪只能怪自己在职场上进行自我坦露的时候，没有很好地去评估风险。

简单总结一下，在人际沟通的过程中，自我坦露是一项沟通高手所必备的说话艺术。因为适当的自我坦露能够促进关系的建立和维持，有助于自身情绪的宣泄，同时也能够形成人际交往的良性循环。

但是，自我坦露也要坚持适度原则。在进行自我坦露之前，最好问自己三个问题。

第一，这个人真的能够理解我吗?

第二，自我坦露的量与方式合适吗?

第三，自我坦露的风险合理吗?

只有坚持这些原则，我们才能通过适当的自我坦露，成长为真正的沟通高手。

和情商高的姑娘打交道，是一种怎样的体验

01.

曾经，有个姑娘联系我说：“老师，看过您写的一些文章，感觉不错。您能不能到我们的平台上讲一堂公益的幸福课，把积极心理学的知识传播给更多的人？”

因为之前没有在网上讲过课，同时那段时间杂事缠身，身体状况也不怎么好，所以当时我就拒绝了这位姑娘。我告诉她说：“最近我身体状态不好，暂时不考虑在网络上开课。等身体好些了再说吧。”

没想到这位姑娘锲而不舍，大概过了一个月左右的样子，再次

联系我说："老师，最近身体好些了吗？什么时候有档期到我们的平台上来讲一次幸福课啊？"

嗯，你没看错。这位姑娘居然用了"档期"两个字。真是让人受宠若惊啊！

这一次，我不忍心再拒绝了，回复她说："工作日很忙，我要上班。周末才有时间上课。"姑娘回复："嗯，我们一般都是工作日晚上上课，但我们这一次可以根据老师做出调整，配合您的时间。"

定好时间之后，这位姑娘又跟我约排练的时间。她告诉我说："老师，想预约一下您的时间，我们大概需要20分钟来排练一下，帮助您提前熟悉如何利用网络平台上课。"

总之，我感觉这个姑娘很用心。而且，这个排练的确消除了我的很多紧张感。

在排练的时候，当我说完第一句话，姑娘马上就回复："老师，您的声音真的很好听。"当我对她的宣传文案进行挑刺的时候，姑娘马上就回复："老师，您真的很细心。"

在课程开始之前，姑娘还问我要了订阅号的二维码。然后告诉我说，她想在课程快要结束的时候，引导大家关注我的订阅号，原因是："好的东西值得和更多的人分享。"

这句话属于“高级夸”，真是令人感动。

后来，我终于上完了这次网课。说实话，上完课之后，我感觉自己表现得并不好，觉得自己说话有些啰唆、上课内容并不足够吸引人、上课节奏也把握得不好等等。

但是这位姑娘，在课程结束之后，第一时间发信息鼓励我。她说：“老师辛苦了。老师的课程很赞，很有条理，逻辑也很清晰，感谢老师的授课！”

我感觉到了，她在努力发现我在课程当中表现出来的闪光点。她想要安慰一下我。

我对她说：“谢谢，能不能也给我提点建议，帮助我更好地改进课程。”说实话，我对此并没有抱太高的期望，因为我知道，做新媒体的人都很忙很累，课都上完了，哪有时间再搭理我。果然，这位姑娘一直没有回复我的信息。

但是过了一天之后，这位姑娘给我发了长长的一段信息。原来，她又拿出很多时间把课程的录音重新回顾了一遍。在这段信息当中，这位姑娘充分考虑到我脆弱的自尊心，小心翼翼地给我提了好几点建议。

我觉得这几点建议都非常到位，非常中肯，对我来说价值很大。说实话，在我收到建议的那一刻，我真的被感动到了，并且在心底默默地说了一句，这真是一位情商高的姑娘。

02.

为什么说这位姑娘情商很高呢？我们先来看一下情商的定义。

根据《情商》一书，萨洛维和约翰·梅耶在1990年提出了情商的概念，他们将情商定义为五项能力，分别为：了解自身情绪、管理自身情绪、自我激励、识别他人情绪、调节他人情绪的能力。

上面的这位姑娘之所以会给人一种情商高的感觉，就在于她熟练地掌握了上述情商定义当中所提到的最后两项能力——识别他人情绪的能力以及调节他人情绪的能力。

这两项能力，实际上也是人际交往的核心技能。下面我们就来详细解析一下这位姑娘的厉害之处。

首先，这位姑娘知道像我这种不知名的小老师，渴望得到被尊重的感觉。因此，她通过一次又一次的邀请，让我在无意间体会到了一种被人重视、受人尊重的感觉。

除此之外，在给我发信息的时候，她问我什么时候有“档期”。这个词语极大地满足了我的虚荣心，让我难以拒绝她的上课邀约。

其次，由于这位姑娘知道我是首次在网上授课，可能会有点紧张。为了帮助我消除这种紧张的情绪，她采取了及时鼓励的策略。当我试讲的时候，有几句话并不流畅，她就夸我声音好听；当我给她的文案挑刺的时候，她就马上夸我非常细心。

并且她还主动问我要订阅号的二维码，理由是“好的东西值得和更多的人分享”。她的做法都让我在短时间内消除了紧张情绪，并且帮我快速树立了自信心。

再次，课程结束后，这位姑娘给我提建议的时候，没有上来就说我哪里做得不好，而是先肯定我做得好的地方。并且反复强调，虽然我有一些做得不完美的地方，但是这些不一定是由我个人的原因造成的，有可能是一些客观原因造成的。例如，我所讲的话题比较小众，有些人可能无法很好地理解和接受。这样一来，我好受了很多，同时也让我更加容易接受她提出的建议了。

以上只是我个人的一些解析。可能对于这位姑娘来说，“高情商”早已内化成了她的一项素质，一切都是由内而外、自然发生的。

03.

下面，我们就来看一下，如何才能像这位姑娘一样，更好地识别他人的情绪、调节他人的情绪，从而提高自己的情商？

第一，如何更好地识别他人的情绪？答案是从“自恋”中走出来，开始对他人感兴趣。

想要有效地识别他人的情绪，有一个基本的前提——首先你要对他人真正地感兴趣。对于一个自恋的人来说，很容易长时间沉浸在自己的世界里，只是一味地关注自己的感受，而这样的人，是无法识别他人情绪的。

就如同两个“自恋”的人在一起热烈地交谈，但实际上谁都没有在认真地听对方讲话。一方在说话的时候，另外一方只是沉浸在自己的世界里，思考自己接下来应该说些什么，最终根本就不知道对方说了什么。这种交谈，只是两个人在轮番发言罢了，进行得越热烈，越能显示出这两个人的内心是多么自恋和孤独。

为了更好地帮助大家察言观色，给大家推荐一本书——《FBI教你破解身体语言》。当我在新东方做老师的时候，一名资深的老师曾推荐我要好好读一下这本书。因为学习一些微表情的知识，可以更好地去识别学生的情绪变化，从而及时调整自己的授课方式，提高学员的满意度。

第二，如何更好地调节他人的情绪？答案是掌握一些必要的人际沟通技巧。

回到开头所提到的那位情商高的女孩，她在给我提建议的时候，让我感觉很舒服，同时也很愿意接受。因为她在不知不觉中，运用了人际沟通技巧中的“三明治法则”。

所谓“三明治法则”，就是指一个人在批评他人的时候，把“批评”的内容夹在“表扬”和“期待”中间，从而使受批评者更好地接受批评或建议。

这位女孩在给我提建议的时候，上来先夸我的课上得不错，接下来又给我提了很多中肯的建议，最后还提出了期待——“希望下次还会有机会和老师合作。”她把“三明治法则”运用得炉火纯青，完美！

关于如何学习人际沟通技巧方面，再给大家推荐两本书，一本是《人性的弱点》，一本是《沟通的艺术》。

这位姑娘给我提的建议，我一直留在手机里，没有删去。我想用这条信息来激励自己，努力成为一个情商高的人。

Part 3

赢得尊重：你的善良，必须有点锋芒

作家布琳·布朗这样说道：“经过大量的访谈，我突然发现许多富有仁慈心的人实际上非常善于划定界限。如果真正想要实践仁慈心，我们必须划定界限，也让别人学会对自身的行为负责。”

从今往后，我想做一个善良而又霸气的人

01.

Lucy是一家外企刚刚上任的培训主管，同时兼任公司的内训师。和上一任有些凶神恶煞的培训主管相比，Lucy温柔又善良。

心理学出身的Lucy，踌躇满志。她一直想着如何采用更加人性化的方式去做管理。在与人沟通的过程中，她总是努力做到认真倾听，设身处地为他人考虑，充分地运用同理心。

然而，Lucy很快就遭遇了职业生涯当中的一次重大挑战——轮到她给员工做内训的时候，来参加培训的人越来越少，请假的人越来越多。

要知道，Lucy主讲的这门沟通课程，可是公司要求相关人员必须参加的，培训成绩和年底考核挂钩。

但是，Lucy的人性化管理方式却被很多员工理解为这个培训主管很好欺负，不会为难他们的，所以很多员工就越来越放肆。

一位员工连续两次没来上课，Lucy善意地发了一条信息提醒他。没想到这名员工来到培训场地之后，竟然怒气冲冲地对Lucy说："我最近真的很忙，你能理解吗？如果有时间过来参加培训，我会故意不来吗？还有，今天这课到底几点才能结束？早点下课行吗？"

听完这番粗鲁无礼的话，Lucy怔住了，愣愣地杵在原地。从那一刻起，Lucy开始怀疑自己引以为傲的人性化管理方式是否出了问题。

百般无奈之下，Lucy去向上一任培训主管请教。虽然上一任主管看起来凶神恶煞，但是至少她给员工做培训的时候，没有人敢缺勤，培训的教室总是人满为患。

上一任主管向Lucy传授经验说，她会在第一次培训的时候，明确告诉过来参加培训的员工："有本事你们就缺一次培训试试，我保证年终奖、部门晋升这些东西和你们一毛钱关系都没有！"

这话虽然听起来有点糙，但是上一任主管却通过这种霸气的方式和参加培训的员工划定了清晰的责任界限——我负责培训，你们负责过来参加培训，如果你们没有认真参加培训，就会受到相应的惩罚。双方的责任得到明确之后，参加培训的员工很少随意缺勤。

在经过一番认真的反思之后，Lucy把网络平台上的个性签名修改为："从今以后，我要做一个善良而又霸气的人。"

在接下来的培训当中，Lucy重新和学员明确了考勤规则，并且表示会严格执行。在明确了各方的责任边界之后，Lucy才会实施她那套人性化的管理方式，努力做到与人为善。

后来，Lucy的工作做得风生水起。过来参加培训的员工，在遵守规则的基础上，也慢慢地被Lucy所展现出来的人格魅力所吸引。

02.

Lucy的故事，给了我很大的启示。因为我自己就是一个过于和善、缺少霸气的人。

缺少霸气的背后，实际上就是不懂得划定界限，不懂得拒绝。这种处世方式，容易让人每天都活得很累。

很多学生都知道我是学习心理学的，所以心理上有困惑的时候，都愿意通过发微信的方式向我询问。

开始的时候，我非常耐心，几乎是有问必答。但是很快，我就感觉有些力不从心了。因为每天要忙各种工作，还要见缝插针地去回复N多条的心理困惑，有些吃不消。

有人觉得我比较和善，所以无论碰到什么问题，都会不假思索地甩给我：

“老师，你之前推荐的那本书有点贵，不知道你那边有没有免费的电子版可以发送给我？”

“老师，什么是神经症啊？在线等！”

“老师，你能不能帮忙给我女朋友发条短信，她心情不好，我又不知道该如何安慰她？”

还有的同学，直接把我的微信当成了精神上的垃圾桶，碰到不开心的事，就往我的手机上狂发信息，一发就是几十条，而且时间多是半夜。

记得有一次我已经睡着，一个同学看我没有马上回复他的微信，就又通过手机发了一条短信：“老师，看一下我给你发送的微信，收到回复一下。”

听到短信铃声，我迷迷糊糊地拿起手机，看了一下微信。原来，这个学生和老妈拌了几句嘴，觉得心情不好，无处宣泄，所以就不停地给我发信息。

这位同学的最后一条信息是这样说的：“其实也没啥大事，就是想跟你倾诉一下，然后听听你的见解。”看完这些信息，我安慰了这个学生几句。学生心满意足地说了晚安，说要去休息了。而我一直到凌晨都无法入睡。

我并不是在怪这名学生不懂事，这么晚打扰我。我是在怪自己不懂得划清界限、最终把气都憋在心里。

为什么有学生把那些明明可以通过百度找到答案的问题（例如什么是神经症）硬生生地甩给我？为什么有学生会把我的微信当成是精神上的垃圾桶，一遇到不开心的事就甩给我几十条信息？

当然，也可能是学生觉得我比较值得信任。然而最主要的原因还是，我不善于拒绝别人，总是有问必答。我甚至会忍不住帮学生去网上搜索问题的答案，然后再告诉学生。这样一来，他们就会习以为常，懒于自己去寻找答案了。

记得有一位心理学专家曾经说过：别人之所以会这样对待你，是因为他可以这样对待你。

后来，我开始变得霸气了一些，不合理的要求我会直接拒绝，希望能够培养学生自主解决问题的能力；无关紧要的信息，我不再马上回复，而是过上一段时间，希望能够让学生学会延迟满足。

开始的时候，我还有点担心。我担心的这种“铁石心肠”会让学生生气，从而对我这个老师恨之入骨。然而我却惊奇地发现，当我开始懂得划定界限之后，学生也渐渐变得更加懂事了，我也赢得了更多的尊重。

03.

从心理学上讲，那些缺少霸气、不懂得拒绝的人，他们的内心深处往往存在着很深的不安全感。从表面上看，他们是在害怕拒绝别人。实际上，他们是在害怕对方会拒绝自己。所以，他们总是会尽力满足对方的需求。这样做的目的就是，希望对方用同样的方式来对待自己。

在《脆弱的力量》一书中，作家布琳·布朗这样说道："经过大量的访谈，我突然发现许多富有仁慈心的人实际上非常善于划定界限。如果真正想要实践仁慈心，我们必须划定界限，也让别人学会对自身的行为负责。"

也就是说，一个真正仁慈的人，不应该只是一个善良的人，也一定是一个善于划定界限的人。

在《少有的人走的路》一书中，作者斯科特·派克这样说道："真正的爱，不是单纯的给予，还包括适当的拒绝，及时的赞美，得体的批评，恰当的争论，必要的鼓励和有效的监督。"

看到没，即使是真正的爱，也不是仅仅包括单纯的给予（善良），还包括适当的拒绝（霸气）呢。

记得有一次，我在地铁站排队等地铁。大家都在按规矩排队，忽然有一位中年妇女插队，径直走到队伍最前面。

这时候，队伍中有一位中年男子用非常中性的语气对这位妇女说：“你好，请站到队伍后面去，大家都在排队呢。”

这个妇女一看就不好惹，马上就朝男子怒气冲冲地说：“关你什么事啊？其他人都没说什么。”

男子没有与妇女争论，只是用更加坚定的语气重复了前面说的那一句话：“请站到队伍后面去，大家都在排队呢。”

也许这位中年男子的气场太过强大，那位妇女没有再反抗，灰溜溜地站到队伍后面排队去了。

我想，一个善良又霸气的人，应该就是这个样子吧。

面对不合理的要求，我们应当如何拒绝

在小丽刚刚入职的三个月里，她每天都像只陀螺一样连轴转。在一次聊天的过程中，小丽说她最近的状态很不好，食欲不振，睡眠不好，而且经常累得想哭。

随着聊天的深入，我发现小丽劳累的一个重要原因就是——她不懂得拒绝。

小丽也承认自己的确是“心太软”，总是害怕拒绝别人。小丽担心的是，她一旦说出“不”字之后，就会伤害别人，同时破坏了人际关系。

只要认真思考一下就会发现：与“直接明了地拒绝别人”相比，“不忍心拒绝别人”的后果其实会更加糟糕。

因为不懂得拒绝别人，不仅会让自己忙得不可开交，痛苦不堪又充满怨念，而且当自己无法完成别人交办的事情时，迟早要破坏和对方之间的关系。

既然明白了合理拒绝别人的重要性，接下来我们再来看看温柔拒绝别人的五个方法。这五个方法是参考《精力管理》这本书中的部分内容，并结合自己的实践经验总结提炼而成的。

01.停顿一会儿，再做决定

当别人向你提出一个不合理的要求时，先不要急着答应对方，而是尝试着先停顿一下，然后再做决定。不要害怕这个小小的停顿会让两个人之间的对话显得尴尬。

要知道，此处无声胜有声。

作为一名心理咨询师，我深知：一个优秀的心理咨询师往往非常善于运用停顿的艺术，而不是一刻不停地主导谈话。停顿或沉默的时刻，往往是对方真正开始思考的时刻，也是对方的心理开始发生变化的时刻。

如果给你安排任务的那个人足够聪明的话，他应该知道，你的这种停顿或者沉默本身也是一种表态，他自己也会在停顿的这个时间反思自己所提的要求是否过分。

或许，还不等你开口，对方就已经开口了：“不好意思，是不是我提的这个要求有些过分了？”

02.不仅要学会说“不”，还要学会说“但是”

直接说出“不”，的确会让对方感觉有些丢面子。如果能通过一个“但是”来引出你能提供的其他帮助，就会让对方的心里感觉好受很多。

因此，想要委婉地拒绝别人，我们应该掌握“不，但是……”这个有用的句型。

例如，一位朋友组织了一个大型的心理学讲师培训营，邀请到了国内知名的心理学专家担任主讲嘉宾。朋友也想让我报名去参加这个培训，给他捧个场。由于平常和他关系不错，我也很想过去给他捧场。但是恰巧时间和我的另外一个重要安排冲突了。

于是，我就告诉朋友说：“抱歉，我可能不能过去参加这次培训了。但是如果你办第二期培训营，我一定参加。”

后来，这位朋友真的办了第二期培训营。我二话不说，从上海飞到了另外一座城市去参加这次培训营。

03.“让我看一下最近的日程表，然后再答复您”

如果对方邀请你去做某件事，你觉得直接拒绝容易伤到对方，那么你先不必急着说“不行”，而是先说一句：“我很乐意去做这件事情，不过让我先看一下日程表，确定一下那一天是否已经有了其他安排，然后再答复您，好吗？”

这样一来，你就会在拒绝对方之前，设置一个有效的缓冲，从而让对方提前有了一个心理准备，不会让对方感觉到你是一个非常冷酷的人。

另外，查看日程表再决定是否说“不”的人，也会让别人感觉到你是一个懂得时间管理、善于划定界限的靠谱之人。

04.把自己正在忙碌的事情给上级看

其实对于很多职场人士来说，最难拒绝的就是来自上级的任务要求。这里需要着重明确一点：如果自己精力充沛，完全可以胜任某一项任务的话，应当积极地完成上级交代的任务，而不是首先考虑如何拒绝。

但是当你感觉自己已经忙得焦头烂额，并且上级由于没有注意到你的处境，又给你安排了很多新任务的时候，这时你就应该学习一下拒绝的艺术了。

此时你需要做的就是，把自己目前正在忙碌的各项事情如实地摆出来给上级看，从而让上级认识到你目前的处境，进而进行更加科学的任务分配。

一位朋友给我提供了一个真实案例。有一次，他的领导一次性给他安排了很多任务，但是他手头上还有领导之前交代给他的一些任务未完成。如果直接拒绝，朋友担心得罪领导。如果接下这些新的任务，朋友又担心无法胜任，最终把所有的事情都给搞砸了。

考虑再三，朋友给领导写了一封邮件。在邮件当中，朋友把自己目前正在做的一些任务统统列举出来。认真分析现状之后，他在邮件中对领导说道："如果您需要我去做这些新任务，那么我可能要把您之前交代给我的那些任务暂时给放一下。不知道您觉得是否可以？"

领导收到邮件后，对朋友的处境表示理解，很快就把这几项任务安排给了公司的其他员工。

05.拒绝对方之后，看看还能为对方提供什么其他帮助

如果在拒绝对方的时候，你能够认真思考一下，对方请求的背后所隐藏的真正目的，再看看自己是否能够提供其他方面的有效帮助，那么即使你拒绝了对方，对方也不会因此生气。

例如，我的好朋友希望我给他邻居家的小孩做一次心理咨询，但是在了解这个孩子的具体情况之后，我拒绝了朋友的请求。因为我并不是儿童心理问题方面的专家，在这方面我没有充分的经验。

但是我知道一家心理机构，在治疗儿童心理问题方面做得不错，于是我就向朋友推荐了这家机构。这样一来，即使我拒绝了他，但是这位朋友依然对我表示感谢，因为我帮助他的邻居找到了一位合适的心理咨询师。

在学习完上面这五种方法之后，也许有人依然不敢大胆拒绝他人。说到底，还是担心拒绝会得罪人。

其实对于任何一个害怕拒绝的人来说，都要反复提醒自己这样一个道理：**合理地拒绝别人，虽然会在开始时让对方感觉不爽，自己也会因此而感到不适。但是从长远来看，合理地拒绝，不仅会为自己的发展赢得宝贵的时间，同时也会赢得别人真正的尊重。**

在《精要主义》一书中，作者提到了“拒绝别人”是如何换取“尊重”的：

“说不，通常会在短时间内对关系产生影响。归根到底，当有人提出要求，却没有得到满足时，他或她的第一反应很可能就是烦恼、失望，甚至气愤。不利之处是一看便知的，而潜在的有利之处却不那么显而易见：当最开始的烦恼或失望、气愤渐渐褪去时，尊重便会显露出来。一旦我们有效地推回别人的请求，就等于告诉他们，我们的时间是非常宝贵的。这便是行家里手和初出茅庐者之间的分水岭。”

适当地发怒，可以帮你赢得尊重

01.

有一天晚上，我从地铁站打车回学校。

从地铁站到学校的距离并不远，通常我都是乘坐公交车。但那天实在是太晚了，很难等到公交车，所以我就选择了打车。

我跳上一辆出租车，坐在了前排，伸手去系安全带。

“就这么短的距离，不用系安全带。你看，我都没系安全带。”一位年轻的司机师傅带着不耐烦的口吻对我说道。

这位师傅的说话内容和说话方式都让我感觉很不舒服。因此，我并没有理会他的话，继续专心致志地给自己系安全带。该死，那个车上的安全带可真是难系！

司机变得有些不耐烦了："都跟你说了，不用系安全带。没有交警，摄像头也根本拍不到，你这个人怎么这么固执呢！"

话音刚落，我的安全带"咔嗒"一声，终于系上了。不过我愤怒的情绪也被他的话给点燃了。那天晚上，我本来就很疲惫，没想到上车之后，因为系安全带这件小事又被一位年轻的司机给数落了一番。

我稳定了一下情绪，然后一字一顿地告诉这位司机："每个人都有不一样的安全意识。你有你的安全意识，我有我的安全意识。在我的安全意识里，系安全带是一件很重要的事情，也是对自己负责任的一种表现。这和路程长短无关，也和是否有交警检查无关。上了你的出租车，我就是你的顾客，希望你能表现出一些最基本的尊重。"

听了我的话，司机先是一愣，然后摆摆手说："好好好，你有文化，我说不过你。"说完这话之后，司机停顿了一下，接着又说道："待会儿你准备刷卡还是付现金？我这个车上刷卡的机器坏了，你只能付现金。提前跟你说一声，待会儿你可别跟我扯皮。"

嗯，没错，这位司机先说我"固执"，接着又莫名其妙说我"扯皮"。不会说话的人，真是处处让人感觉不舒服，我的愤怒情绪又一次被点燃了。这一次，我依然没有选择忍气吞声。

“请你搞搞清楚，到底是谁在扯皮？如果出租车上不能刷卡，你为什么不在一上车的时候就告诉我呢？我们都走了一半的路程了，你忽然告诉我只能付现金。刷卡的机器坏了，你没有及时去维修，难道是我的错吗？请问这是我在扯皮，还是你在扯皮？我今天就是没带现金，你前面掉个头，把我送回上车的地方吧！”我准备给这位司机一点教训。

“别别别，我们都快到了，能不能想想其他办法啊？如果没带钱，你还可以通过微信或者支付宝把钱转给我。”司机有点慌了，语气也明显开始变软了。

我没有马上接他的话，只是告诉他该怎么走才能到达住处。到达目的地之后，我没有再难为这位司机，掏出手机，用微信给他转了账。

这位年轻的司机终于松了一口气，下车的时候笑呵呵对我了一句：“刚才不好意思啊，我的脾气有点急，慢点走啊。”

02.

走在回寝室的路上，虽然心中的愤怒之情没有完全消失。但是我感觉自己至少没有压抑这些愤怒情绪，而是选择通过有理有节的方式，把愤怒之情表达了出来。

而且，当我把愤怒情绪表达出来之后，那位看起来有些不太礼貌的司机，最终对我表示了尊重。想想看，如果面对那位司机的无礼举动，我选择忍气吞声，那么此时此刻我的心情，一定会感觉非常压抑和糟糕。

有一位佛教大师在谈到如何管理愤怒情绪的时候，曾经说过一句非常富有智慧的话：不要压抑，但也不要放纵。

而压抑或放纵情绪，恰恰是我们在愤怒的时候最容易犯的错误。下面，我们就分别来看一下这两种方式的消极后果：

第一，过度压抑自己的愤怒，会让一个人失去活力。

我是一个性格内向的人。之前，我遇到令人愤怒的情形，第一反应往往是忍，压抑自己的感受。但是这些愤怒的情绪，并不会因为压抑而自行消失，反而会时常在脑海中出现。

从心理学上讲，压抑愤怒的坏处主要表现在两个方面：

首先，被压抑的愤怒最终会伤害到自己最亲近的人。被压抑的愤怒一直在寻找机会释放出来，因此一个人很容易把自己在别处受的气转移到自己最亲近的人身上。例如，一个在公司受了气的人，可能不敢对公司的领导发火，于是回到家就对老婆孩子撒野。

其次，有研究表明，长期对愤怒的压抑还会导致一个人失去活力、变得抑郁。也就是说，被压抑的愤怒会变成一种消极的负能量，消耗一个人对生活的热情。

第二，过度发泄愤怒，会导致更多的愤怒。

上面讲到，压抑自己的愤怒是不可取的。那么，是不是只要把愤怒发泄出来就会好了呢？请注意，这里面有一个前提，那就是一定要把握好“度”。

心理学家泰斯通过研究发现，过度地发泄愤怒，只会进一步唤起愤怒情绪，从而使人感到更加愤怒，而不是减轻愤怒。也就是说，人们对触发他们怒火的人大肆发泄的时候，愤怒的时间是延长了，而不是终止了。

03.

刚刚我们在文章中讲到了，当你感到愤怒的时候，无论是过度压抑愤怒情绪，还是过度发泄愤怒情绪，都不是明智之举。正确的方式应该是，**在保证理智和克制的前提下，适当地表达愤怒之情。**

发怒其实也是一门艺术。适当地表达愤怒之情，可以向对方明确你的界限所在，从而帮你赢得对方的尊重。

在《制怒：如何掌控自己和他人的情绪》这本书中，我读到了一项有趣的研究。当中讲到，面对雄马的挑衅，雌马是如何表达愤怒之情，进而划定界限来重新赢得雄马的尊重。

“有的时候，雄马会变得暴躁，试图推挤身边的雌马。如果雌马没有心情继续这种恶作剧，它们就会竖起耳朵警告它后退。如果雄马不听，它们就会变得更加坚定，有必要的话还会站起来踢打或是惊声尖叫。当雄马最终给它们足够的空间，它们就会冷静下来，随后和雄马一起在最喜欢的树下午睡。”

从这段描述中，我们可以看到雌马先是对雄马的一些不礼貌行为表示警告，这属于轻微地表达愤怒之情。当雄马对雌马的警告置之不理时，雌马会更加严重地表达愤怒之情，直到得到雄马的尊重。

我们也可以借鉴雌马的做法，根据对方的表现从轻到重来表达自己的愤怒之情，而不是走极端。否则，要么不敢表达愤怒之情，要么直接火山喷发，从而给别人留下“这个人真好欺负”或者是“这个人太情绪化了”的糟糕印象。

并不是所有的人，都喜欢被平等地对待

01.

有一次，我从外地回上海，飞机降落在浦东机场。那是一个晚上，同时我还携带着两个超级大的箱子。

于是，我选择从浦东机场直接打车回松江的住处。住在上海的人都知道，这段距离不算近，光打车费就要将近300元。根据之前打车的经历，我知道在出租车司机的眼中，这次我应该算是一位高质量的客户，因为接到像我这样的生意，出租车司机就不需要在晚上四处跑拉客了。

我心里还想着，上车之后，司机肯定会非常热情地对待我。事

实证明，是我想多了。

上车之后，出租车司机和我进行了简单的几句交谈之后，就把手机开了免提，和朋友聊起天来。而且聊天的过程当中满口脏话。要知道，大部分上海出租车司机的素质都是非常高的。但我那天遇到的司机，却带着一身匪气，非常不友善。

那位司机用手机聊完天后，又和我交谈了几句。每次，我都用非常客气的方式回应。但是司机的反应却非常不礼貌。

无论我说什么观点，他或是不赞同，或是保持沉默。当我说出“做出租车司机也不容易”这句话的时候，他只是“哼”了一声，半晌都没有任何反应。我坐在汽车的后排位置上，感觉很尴尬。于是，我也不再和司机做任何交谈了。

然而，学心理学的我，总是忍不住换位思考，总是想要努力体谅对方。我在心里默默地想，也许是这位司机师傅跑夜车太累了，所以对我态度不好，我应该体谅出租车司机的辛苦和不易。

在过高速公路收费站的时候，出于礼貌和体谅，我再一次主动问司机：“过路费是现在给你，还是最后一起给你？”不知道我的话在什么地方戳中了司机的神经，司机又非常不耐烦地说了一声：“下车给！”

到达目的地之后，我付了现金，然后让司机给我一张发票。没想到司机火冒三丈，嘟囔道："急什么，没看到我正在找钱吗？"找完零钱之后，司机把钱连同发票一起扔出车窗。有几块零钱我没有接住，飘在了地上。而这位司机却是一脚油门，扬长而去。

这段经历让我感觉非常憋屈，每次回想起这件事，总感觉自己气不打一处来。后来，我认真反思了一下，为什么这件事会对我产生这么大的消极影响？

答案是，这件事一直强烈地冲击着我的价值观。因为我一直相信，只要礼貌、友善地对待另外一个人，那么对方就会以同样的方式对待你。因此，在和司机交流的过程中，我始终保持友善、礼貌和克制。然而，我的客气与礼貌，换来的却是对方的无礼和粗暴。

02.

曾有一段时间，我在订阅号的后台中会收到很多提问。我不得不把每天大部分的空余时间都用来解答这些提问。有的人会问我很长很长的问题，我也会非常耐心地回复给对方很长很长的答案。

开始的时候，我尽量保持耐心，想要平等地对待每一位提问的人。因为，我不想辜负任何一位读我文章的粉丝。我会经常性地在回复留言的时候说类似下面的这些话：

"谢谢你对我的信任，选择向我倾诉你的心理困惑……""我非常理解你现在的处境，如果我是你，也会感觉心情很糟糕的……”“根据你的问题，我给你下面三条建议……”

当然，大部分粉丝都是比较友好的。但是有些人在收到回复后，不仅连声“谢谢”都不说，还经常做出类似的回复：

“啰唆这么多，你能不能用一句话来点醒我？”

“道理我都懂，可我只想知道该怎么改变现实！？”

“如果你给我的建议根本就不管用，怎么办？”

还有人在提问之后，喜欢用命令的语气再加上一句：“你在忙吗？我已经向你提问了，看到之后请马上回复一下。”

噢，我的天哪！看到这样的回复，我整个人都不好了。

后来，我的画风变了。尤其是忙了一天很疲惫的时候；是回答了一个人N多个问题，可对方连声“谢谢”都不说的时候；是给一个人提了很多建议，但对方还未尝试就觉得我的建议根本行不通的时候。

这时候，我不再坚持“平等对待对方”的原则了。就像是一个家长训小孩子一样，我采用了权威的口吻直截了当地告诉对方：

“你的问题就是想得太多，做得太少了。”

“请问你认真看过我给你提的建议了吗？”

“我认真给你提的建议，你连试都没试，凭什么说不管用呢？”

我不再采用平等的方式去对待那些令人头痛的提问者之后，没想到却收到了奇效。

“小宋老师，你的这一句话一下子就击中了要害。”

“不好意思，宋老师，是我没有认真看你给我提的建议。”

“好的，老师，谢谢你，我先去试试您所说的几个方法吧。”

当我平等对待对方的时候，对方根本就不买账。当我板起脸来，准备要发火的时候，对方却忽然软了下来，瞬间变身成小乖乖？

03.

在这背后，其实有心理学的依据。

一个从小就在平等、民主家庭氛围中长大的人，就比较倾向于采用平等的方式对待他人。而一个从小就在权威、高压家庭氛围中长大的人，就比较倾向于采用权威的方式对待他人。

武志红在《为何爱会伤人》一书中曾提到过这样一个观点，我非常赞同，那就是，一个人的外部关系，往往是内在关系投射的结果。所谓外部关系，就是指一个人的外部社交关系。所谓内在关系，就是指内在父母和内在小孩之间的关系。

一个人的内在关系往往受到原生家庭的影响。如果小时候父母采用平等的方式对待小孩，这个小孩就会慢慢形成平等式的内在关系。当这个小孩长大后，在处理外部关系时，他就会采用平等的方式去对待他人。如果父母采用权威的方式对待小孩子，这个小孩子就会慢慢形成权威式的内在关系。当这个小孩子长大后，他就会用权威的方式对待他人。

需要说明一点的是，拥有权威式内在关系的人，在人际交往中会首先以“权威的父母”角色自居，把对方当成“无助的小孩”对待，因此看起来就会比较凶。然而一旦遇到另外一个比自己更加权威或是更加严厉的人，那么这个人则会马上扮演起“无助的小孩”角色，又会显得异常乖顺了。

看到这里，相信大家就会明白，为什么当我采用平等的姿态对待出租车司机或者是某些微信平台的提问者的时候，反而会得到不平等的对待。

我们可以推测，他们有极大的可能性出生在一个权威式的家庭，从小就没有被平等地对待过。因此，他们就形成了权威式的内在关系。在与人交往的时候，他们要么显得盛气凌人（扮演权威父母的角色），要么就显得异常乖顺（扮演无助小孩的角色）。

04.

看到这里，你也许会问：“知道了这么多道理之后，又有什么用呢？”

的确，家庭环境对一个人的影响比我们想象中的还要大。我们没办法马上改变对方，尤其是改变对方的内在关系，让一个在权威式家庭环境下长大的人变得温文尔雅、平等待人。除非，他们能够深刻反思自己的成长经历，觉知到自己的问题所在，才有改变的可能性。

但是，明白这些道理之后，我们却可以更好地和别人沟通，更好地保护自己。

具体怎么做呢？如果你采用非常平等的方式对待另外一个人，但是对方却根本不领情，反而采用非常粗暴的方式来对待你。那么这就说明，对方把内心那个“无助的小孩”形象投射到了你的身上，而自己却以“权威的父母”形象自居。

这个时候，只要我们不接受对方的投射，或者是将自己的语气变得更加硬一些，对方反而就会退回到扮演“无助的小孩”的形象了。

套用江湖上的一句话，就叫作：“见人说人话，见鬼说鬼话。”

也就是说，沟通的法则不是一成不变的，对待不同的人应该采用不同的沟通方式。如果对方适合平等的沟通，那么我们就采用平等的姿态。如果对方不喜欢平等地沟通，那就索性加重一下语气，化身为权威的形象去和对方沟通。

这样，反而会达到更好的沟通效果。

你是否具有被别人讨厌的勇气

01.

有一次，我在心理咨询室接待了一位因为人际关系问题饱受困扰的来访者。原来，这位来访者和他同寝室的一位室友特别合不来。

合不来的主要原因是，当那位室友需要帮助的时候，我的这位来访者总是会尽力帮助；但是当他需要帮助的时候，对方却总是摆出一脸嫌弃的表情。

“老师，当我解出一道物理难题，他问我方法的时候，我会毫不犹豫地告诉他我的解题思路。但是当他解出难题的时候，我问他方法，他却会说：’我凭什么要告诉你？’”

“我觉得这太不公平了。一想到这些事情，我就气得浑身发抖。”我的来访者越说越生气。

“看起来你的室友好像打破了人际交往过程中的互惠法则。因为你在不停地为他付出，而他却没有采取同样的方式回报你。既然这样，当他再向你提出请求的时候，你为什么不敢拒绝他呢？”我反问来访者说。

“不知道为什么，我感觉拒绝别人的话，总是很难说出口，我不想得罪人。”来访者低下了头，轻声地说道。

除此之外，我还观察到一点。这位来访者找我做心理咨询的时候，表现得过于客气和礼貌。他经常会说：“老师，抱歉耽误您这么长时间。”“老师，抱歉给您出了这么多难题。”“老师，希望我的问题不要影响你的情绪。”

过度的客气和礼貌，其实是缺乏安全感的一种表现。后来我就问这位来访者说：“你是不是特别害怕被别人讨厌？”

“当然，老师，我想成为一个受欢迎的人。我希望室友能够按照我对他的那种方式——友好地对待我，难道这个想法有错吗？”学生急切反问道。

我回答学生说：“这个想法看起来没错。但实际上，这个想法很容易成为一个人精神痛苦的来源。我们可以努力地做到与人为善，但是我们却不应该强求自己被每一个人的喜欢。”

“因为努力做到与人为善，是你自己可以控制的；然而别人是否会喜欢你，则是你不能控制的。而过度执着于掌控别人对你的想法——希望某个人一定要按照你对他的方式友好地对待你，就很容易让你产生挫败感。”我继续向学生解释道。

听完我的话，学生若有所思地点了点头。

02.

我曾经读过一本有关阿德勒个体心理学的书——《被讨厌的勇气》，书中有一个观点非常抓人眼球——所谓的自由，就是被别人讨厌。为什么这样说呢?

因为当你特别害怕被别人讨厌的时候，你就会努力去迎合每一个人。在迎合别人的同时，你还会对别人产生更多的期待——例如，希望别人能够喜欢你。一旦别人没有喜欢你，或者没有按照预想的方式对待你，你就很容易在心理上遭受折磨，反复思考如何才能改善人际关系，从而导致心情郁郁。

而当你敢于承认并且愿意接纳“无论你做了什么，有些人就是会不喜欢你、看你不爽甚至还会讨厌你”这个事实的时候，尤其是当你不再强求对方一定要喜欢你的时候，你就会活得很洒脱，进而获得精神上的自由。

我的一个学心理学的朋友曾经问我："你知道为什么老好人特别容易生病吗？"

他的回答是：因为老好人最怕得罪人，害怕被别人讨厌，特别在乎别人的看法，在处理人际关系时就会显得很敏感。这样一来，他们在精神上始终得不到放松，有愤怒的情绪也不敢表达。由于心理上始终处于压力之下，身体也自然容易出现问题。

03.

曾经的我，也是一个特别害怕被讨厌的人。在给学生上幸福课的时候，最让我难受的事情就是，有的学生会在课堂上说话、玩手机或者打瞌睡。这让我感觉他们讨厌上幸福课。

虽然大部分学生都能做到非常认真听课，对课程的评价也很高，但始终有个别学生，无论我多么卖力地讲课，他们就是无动于衷。开始的时候，我感觉很泄气，从而影响整个人上课的状态。

这让我隐隐约约地产生了一种习得性无助感："我如此卖力地上课，为什么却得不到你们的认可？"

以至于有一段时间，我经常做一个噩梦：我一个人在那里不停地卖力讲课，但是学生却一个接一个从教室里走了。在梦中的我，感觉非常无助和绝望。

后来，我通过不断自我反省，认识到，自己其实也是一个没有安全感、特别渴望得到别人认可的人，我也缺少能够承受被别人讨厌的勇气。即使是在课堂之外，处理其他人际关系的时候，我也很容易感觉心累，患得患失，活得一点都不洒脱。

有时候，我在网上发布新的文章之后，会害怕去看评论。因为我特别担心看到负面评价，担心自己写的文字被别人讨厌。

后来我慢慢发现，无论是多么牛的人，写出多么棒的文章，被讨厌几乎是不可避免的。反过来说，如果在网上发表的文章没有任何人提出负面看法，那就只能说明这篇文章还不够火。

就像我之前出新书，刚开始在网上销售的时候，几乎是清一色的好评，我知道，那都是我的朋友或学生写的评价。从另外一个侧面来说，这说明书的销量还很一般，只卖给了很少一部分人。有趣的是，当我在网上看到第一条差评之后，没多久，我的新书就开始加印了。

也就是说，活在这个世界上，被人讨厌几乎是一件不可避免的事。如果一个人从来都没有被别人讨厌过，很可能是因为这个人活得太封闭，或者是生活圈子太小，根本就没有机会被别人讨厌。

04.

请不要误会，我的目的不是鼓励大家去做让人讨厌的人。我真正想要表达的是，不要心怀“让每一个人都喜欢自己”的幻想，因为这种过分的执着，只会让自己更加痛苦。

那么，如何才能鼓起“被人讨厌的勇气”呢？在《被讨厌的勇气》这本书中，作者提到了一个重要的概念，叫作“课题分离”。

什么叫作“课题分离”呢？有一则谚语是这样讲的：你可以将马牵到水旁，但是你不能强迫马一定要喝水。

在这则谚语当中，将马牵到水旁，是你的课题。而马是否要饮水，则是马的课题。而“课题分离”的意思就是，我们只能保证完成自己的课题——把马牵到水旁。而马是否愿意饮水——那是马的课题，我们不应该去干涉，要求马一定要饮水。

回到开头的那个案例当中，我的来访者对他的室友有着深深的怨念：“为什么我对室友这么好，室友却这么讨厌我？”

我应该告诉来访者的是：“你非常友好地对待室友，这说明你已经顺利地完成了自己的课题。而对方选择用什么样的方式对待你，那不是你的课题，而是对方的课题。很明显，对方没有很好地完成他自己的课题，这不是你的错误。所以，请不要用对方的粗俗无礼，来惩罚可怜的自己。”

再举一个例子。和我住同一栋楼的住一个邻居，虽然接触不多，但是他以前见到我都很热情。后来不知道为什么，见面连招呼都不打了。我仔细回想了和对方交往的所有细节，觉得自己并没有做错什么事情。

开始的时候，我的心情很受影响，也曾尝试和对方好好聊聊，但是对方的脸上一直都是厌烦的神情，不想和我好好聊下去。这件事情，一度让我郁闷了很长时间。

后来，我忽然想到了“课题分离”这个概念。既然在整个事件当中，我什么都没有做错，那我何必要为这件事情闷闷不乐，拿别人的情绪来惩罚自己？没有处理好情绪的是对方，这是他的课题，不是我的课题。而我能做的，就是确保把自己的课题完成好。

想到这里，我的心情舒畅了很多。自从我理解了“课题分离”这个理念之后，我觉得自己身上增加了很多“不害怕被人讨厌”的勇气。

我给那个给我差评的人，打赏了两块钱

01.

前几天，我的一篇文章被某网站的编辑推荐到了首页。有很多人看到了这篇文章的同时，我收到了一些好评和差评。其中的一条差评，带有明显的挑衅意味。

那篇文章题目叫作：《你什么都会一点，那得多平庸啊》。在这篇文章中，我强调了“千招会不如一招熟”的理念，并且这样写道：“如果想要在职场中拥有核心竞争力，在学习知识的时候一定要达到某种深度。否则，学到的知识仅仅就是一些常识，而常识是无法带给一个人竞争优势的。”

而我收到的那条差评就是："你啥也不会就不平庸了吧？"

看到这条评论，我的第一反应就是，这个人根本就没有认真看过我的文章，误解了我的意思。很可能对方只是匆匆地看了一眼题目，就妄加评论。

想到这里，我不禁有些生气。出于好奇心，我点开了给我差评的那个人的头像，进入了他的个人主页。

点开一看，是位小伙子，头像还很帅，而且他也在这个网络平台上写文章。认真看了他写的几篇文章，感觉文笔还挺好，虽然并没有多少人给他点赞。忽然之间，我收住了那颗想要反击他的心。

我想，这位小伙子也在很努力地写文章，我们也算是同道中人了。只不过目前他的才华还没得到那么多人的认可，非常缺少他人的鼓励。也许正是这个原因，他才会有一些负面情绪想要发泄。

我一直相信，**一个感觉非常幸福的人，是不会随意攻击别人的。只有一个感觉不幸福的人，才会想要伤害别人。**

想到这里，我想做一个不同的尝试。对，你没看错，我动了一下手指，给这个小伙子最新的一篇文章，打赏了两块钱。

并且给他留言说："谢谢你的评论。给你打赏的目的是为了告诉你，这个世界上除了恨，还有爱。"

02.

没过多久，我就收到了这位小伙子的回复："谢谢大哥以德报怨，么么哒。"收到这条回复之后，我感觉心里舒服了好多。

但是这位小伙子，比我想象中的还要厉害。他的反思能力很强。很快，他又更新了一篇文章，专门就这事进行了深刻的反思。他在文章中写道：

"午饭过后，收到打赏的通知，是上午被我反手一巴掌打过去的人，他留言说感谢评论。这时我才觉得那巴掌原来打在了自己脸上。事物相较，可知轻重；品格相较，可见贵佞。

"在被人莫名吐槽之后，自问我做不到心平气和，在品格上我不如他；在没看文章的前提下就凭主观臆断，处世方式上也实在大有欠缺。我忙向原文的作者道了歉，又把那篇文章从头到尾拜读一遍。

"反观自己，看多了网络时代一言不合就问候别人父母宗族的斑斑劣迹，随心所欲肆意挥洒自己的刻薄，施展毒舌，那并不是青年个性，也不是率性洒脱，说难听点那只是教养缺失，只是轻狂。"

看完这篇文章，我忍不住又给这个小伙子打赏了两块钱。为他的反思能力，为他透彻的说理，为他坦诚的人品点赞。

03.

我一直在微信订阅号和其他网络平台上同时推送文章。但是与订阅号相比，在其他网络平台上发布文章往往需要更大的勇气。因为在订阅号的粉丝当中，很多都是我的学生，或是比较了解我的人，很少会给我差评。

但是其他开放的网络平台，各种各样的旁观者都有。人们很容易因为一句话看得不爽，就在文章结尾留下言辞犀利的差评，甚至把作者的全家都“问候”一遍。

虽然我明白，“一个人能够承受多少诋毁，才能承受多少赞誉”。但是每次收到负面评价的时候，我心里总是感觉非常不爽。

尤其一些人，根本就没有认真看你的文章，只是匆匆扫了一眼，就开始对你整个人进行评头论足，什么“感觉你的文章就像是小学生在写作文”“你就是一个标题党”等等。

有时候我会想，为什么这个世界上会有如此不友好的人呢？他们到底是受到了多少伤害，才会变得浑身上下都充满戾气呢？

更有甚者，会花好长时间，给我写很多字的评论，只为了证明我是错的。我常常会想，如果有这么多时间，拿去提升自己该多好，总是花时间来贬低别人，也无法证明你自己就是厉害的啊！

04.

面对一些毫无依据的差评，我们可以选择和对方互骂，不停地争吵下去。但是这样只会让我们陷入无止境的负面情绪当中，进而耽误更多宝贵的时间。因此，在大多数时间里，我会选择“冷处理”，不回复那些“差评”。

有时候，面对差评，我也会简单回上一句：“你说的也许是对的。”

不要小看这句话的分量，这句话可是经过认真揣摩说出来的。这句话的妙处在于，看起来好像是在肯定对方的观点，从而让对方减少继续对你进行恶意攻击的欲望。同时也暗含了另外一层意思——“你说的也许是错的”，温柔地捍卫了自己。

然而这一次，我选择“以德报怨”——用给对方文章打赏的方式去回应对方给我的差评。说实话，在给对方打赏之前，我还犹豫了一下。我担心对方会嘲笑我“好傻、好天真”，我也担心对方会回复我说“滚粗，谁稀罕你这两块钱”。

后来，我还是决定抱着善意去尝试一下，反正只是两块钱，又不会损失什么。

我一直相信：每个人的心底都有善良的种子，没有一个人是彻头彻尾的坏蛋。那些出言恶毒的人，一定是在现实世界中受到了太多的伤害。他们没有感受到爱的力量，所以才会带着愤怒到处伤人。

除此之外，我还深深地相信：能够展现一个人内心强大、充满力量感的做法，并不是拼命地贬低对方，而是带有一颗真诚的心鼓励对方，给予对方。

想想自己真的很划算，仅仅花了两块钱，就重拾对美好人性的信心了。

Part 4

压力管理：让压力变动力的管理秘诀

在心理学上，我们把这种因为逃避压力从而导致更多压力产生的现象称为“压力繁殖”。也就是说，逃避压力，不仅不会消除压力，反而会让压力不断累积，一直压到你喘不动气。

压力真的是有害的吗

01.

提起对压力的看法，很多人会赞成“压力是有害的”。

想想我们曾经被灌输的一些观念吧：压力会破坏我们的美好生活、让我们失去活力、影响身体健康、阻碍我们的成长等等。总之，压力总是和各种负面信息联系在一起，让人感觉它是非常不好的东西。

而“压力有害论”所导致的结果就是——人们总会尽力逃避带来压力的事情。例如，逃避艰难的工作任务、逃避有挑战性的事情、逃避复杂的人际关系等等。

前不久，有一位学生留言说：“老师，我感觉自己现在压力很大，能不能帮帮我？”

学生继续说道：“高考结束之后，我被调剂到自己不感兴趣的专业。为了逃避学习上的压力，我经常逃课。我是一个非常内向的人，总是独来独往，和寝室同学之间也很少交流，我感觉他们对我的态度也很冷漠，寝室的氛围总是冷冰冰的。为了逃避这种环境，我宁肯每天来回坐四个小时的地铁回上海的亲戚家睡觉。

“最近，我的情况更加糟糕了，我连学校也不想去了。学校给我下了最后通牒，如果我这周再不去上课，就要被开除学籍了。我感觉压力越来越大，而且在压力面前我只想退缩。老师，我到底该怎么办？”

在心理学上，我们把这种因为逃避压力从而导致更多压力产生的现象称为“压力繁殖”。也就是说，逃避压力，不仅不会消除压力，反而会让压力不断累积，一直压到你喘不过气。

我告诉他说：“你已经退到无路可退了。此刻你唯一能做的就是鼓起勇气，去战胜摆在你面前的压力。回学校上课，是你需要战胜的第一个压力，如果继续逃避，那么你就陷入一个更大的恶性循环。迎难而上，拥抱压力，这是你唯一的出路。只有这样，你才能实现心灵上的成长，才能变得更加强大。”

简单概括一下，“压力是有害的”这一观念会导致我们逃避压力，而逃避压力又会产生更多的压力，导致消极的后果。

02.

下面，让我们转换一下视角，来看看压力对我们的益处。

在《自控力：和压力做朋友》一书中，我读到了这样一则惊险的故事。

在美国俄勒冈州，有两个十来岁的黎巴嫩女孩。她们在十分危急的时刻，抬起了三千磅重的拖拉机，救出了被压在下面的父亲。事后，她们告诉记者说：“我们也不知道是怎么抬起来的，它（拖拉机）太重了，但是我们就是做到了。”

许多人在压力的情境中都会有类似体会：他们不知道怎么就找到了行动的力量和勇气。关键时刻，身体给了他们超人一般的能量，成功地战胜了眼前的困难。从这个小故事中，我们可以引申出压力对人类的一个重要益处：**压力可以充分挖掘我们身上的潜力，进而让我们变得更加强大。**

03.

最近这一段时间，我身上的压力一直都非常大。这里面有来自学业方面的压力，也有来自工作方面的压力。在很长一段时间内，我同时在做三个人的事情：工作、读博、写订阅号文章。

但是，我始终都没有忘记提醒自己：压力是有益的。只要我能够鼓起勇气去战胜这些压力，那么我就会变得更加强大。

事实也的确如此。在压力的逼迫下，总是感觉时间不够用的我，阅读了很多时间管理方面的书籍，例如：《小强升职记》《精要主义》《搞定》等，学以致用，让自己的时间管理能力进一步得到提升。

为了确保自己能够及时完成各种事情，我开始养成做周计划、日计划的习惯。每天早上一起床，就把当天最重要的三件事情列出来，然后确保自己始终专注去做最重要的事情。

在压力的逼迫下，一向心软、不懂拒绝的我，为了保护好自己的宝贵时间，开始变得不卑不亢，学会了如何有礼有节地拒绝别人。

在压力的逼迫下，以前只知道硬着头皮死撑的我，开始学会对自己的精力进行管理。在《精力管理》这本书的指导下，我知道了如何通过工作和休息的交替，最大限度地提升自己做事情的效率。

在压力的逼迫下，我开始学会了如何科学地使用大脑。我曾因用力太猛，出现了一些用脑过度的症状。在《让大脑自由》和《慢思考》这两本书的帮助下，我的大脑运转得更为高效。我慢慢养成了运动的习惯，开始重视睡眠的质量，并且戒掉了一心多用的坏习惯等等。

更重要的是，在压力的逼迫下，以前总是在为憋出一篇文章而发愁的我，有了源源不断的写作灵感。我写的压力管理方面的文章，不少被比较大的网络平台转发，让更多的人从中受益。

可以说，正是工作和生活中的这些压力，充分调动了我身上的所有潜力，让我变得比以前更加强大。

04.

我最欣赏的一位当代教育家魏书生先生，曾经在他的著作《班主任工作漫谈》当中，说过这样一段话：

“人的能力强都是工作多逼出来的，人的铁肩膀都是担子重压出来的。工作挑轻的，力气是省了，但是增长力气的机会也就错过了。”我觉得这段话，就是对“压力能让人从中受益”这一观念的绝佳诠释。

很多人为了逃避压力，躲在自己的舒适区，拼命推脱各种挑战和责任。表面上看，这些人好像是占了很大的便宜。因为他们每天都会过得很舒服，不需要承受任何多余的压力。但是换个角度来看，这一类人却吃了很大的亏。因为没有压力的洗礼，就没有办法从压力中受益，就会失去变得更加强大的机会。

压力，其实是有意义的人生中不可或缺的一部分。

在做心理咨询的过程中，我慢慢发现，很多感到“精神空虚”的人，都不是因为他们生活中压力太大，反而是他们生活中缺少必要的压力。他们小心翼翼地规避掉了所有的压力，但是却无法躲避那颗空虚的心灵。

这其中的道理不难理解：生活中缺少必要的压力，人就没有机会去发挥自己的潜力，从而导致存在感的丧失（感觉不到自己存在的价值），而存在感的丧失，就会导致空虚感的降临。

所以说，我们应当把“压力有害，所以应该尽力逃避”的思维方式转换成“压力有益，它可以让我们变得更加强大”的思维方式。

只有看到压力对我们的益处，我们才能去拥抱压力。而只有拥抱压力，我们才能在压力当中不断成长，让人生更有意义。

尼采曾经说过：“那些杀不死我的，必将使我更加强大。”

目标管理：战胜压力的独门绝技

在写这篇文章前几天的一个晚上，我感觉心乱如麻，因为有太多还未完成的事情积压在心头。

在大部分时间里，我都能很好地克制自己的欲望。但是在那个晚上，面对这么大的压力以及疲惫的身体，我选择了逃避。

我掏出了手机，一不小心就玩了将近两个小时。在这两个小时的时间里，我焦虑地浏览着手机上的各种新闻网页，而且越看心情越糟糕。天哪！作为一名经常教人如何提高自控力的老师，我的意志力竟然如此薄弱，真是没脸见人了！

最终，我放下了手机，开始在脑海中思索，到底有什么方式可以更好地化解目前所面对的压力。我想到了“目标管理”这四个字。

接下来，我就和各位分享一下如何通过五个简单明快的步骤，用“目标管理”这个工具来化解“事情一多”而造成的心理压力。这五个步骤，亲测有效啊！

01.把模糊的压力转换成明确的目标

我稳定了一下情绪，把压在心头的那些事情统统写在纸上，例如：

最近读的心理学专业书籍太少；最近订阅号文章更新的速度太慢；一篇论文的框架已经搭好，却迟迟没有动笔去完善；等等。

当把这些压力源通过白纸黑字的方式清楚地表达出来之后，我感觉心里轻松了很多。

因为，我终于知道让我感觉到压力的幕后黑手是谁了。接下来，我又动手把这些压力源转换成了具体的目标。

例如：在网上购买部分心理学的书籍，然后在这个周剩下的几天时间里，每天坚持早起阅读一个小时；花费20分钟左右的时间，为本周即将发布的文章搭一个初步的框架，然后再花费两个小时左右的时间完成文章的初稿；每周至少抽出一个半天的时间来撰写和完善论文。

02.先通过完成一些小目标来积累自信心

定好这些具体的目标之后，我从中挑选了两项相对容易操作的小目标，马上开始完成：第一，结合豆瓣上的图书评分，我在网上买好了近期要看的心理学书籍；第二，我又花了将近20分钟的时间，完成了一篇订阅号文章的大体框架。

完成这两项比较简单的任务之后，我感觉更加踏实了。

也许，你听说过“吃青蛙理论”。“吃青蛙理论”来自马克·吐温的一句名言：“如果你每天早晨醒来后做的第一件事是吃掉一只青蛙，那么你就会欣喜地发现，在接下来的一天里，再没有比这更糟糕的事情了。”

看到这里，有人会对我所提到的第二个步骤有所质疑——“根据吃青蛙理论，不是应该从最难的那个目标开始做起吗？为什么这个步骤要从最简单的那个目标开始做起？”

其实，我们要学会具体问题具体分析。当心情感到十分低落、不想做任何事情的时候，可以尝试先从小目标入手，来找点自信心。

因为人的自信心是可以不断累积的。当你完成小目标之后，你就会收获一部分自信；完成下一个目标，又会收获另外一部分自信。当完成的任务越来越多的时候，你就会具备强大的自信心去挑战更加艰巨的任务了。

03.把那些未完成的目标放进日程表里

第三个步骤，对那些没有办法马上完成的目标进行处理。处理的方式是，把那些未完成的目标统统放进手机的日程表里。

例如：明天早上开始，每天6:30—7:30读书1小时；明天晚上18:00—20:00写作2小时并发布订阅号文章；周日下午13:00—16:00写论文3小时，完成论文初稿；等等。

我一直都用手机上的日历软件进行日程管理，只要点开一个日期，就可以清楚地看到当天所需完成的那些目标。

那么，为什么要把这些制定好的目标放到日程表里呢？

因为这样一来，你就不需要天天在脑海中思考，自己还有哪些目标没完成了啊。如果让各种各样的目标都在脑海中盘旋着，让大脑不停地空转，只会增加大脑的负荷以及心理上的压力。

把这些目标放进日程表里之后，我们的大脑就会轻松很多。而我们需要做的就是，及时查看日程表，然后知道自己要完成的下一项目标是什么就可以了。

04.完成目标之后记得给自己一点奖励

做完上面三个步骤，并不意味着就万事大吉了。我们还要通过彪悍的执行力去完成这些目标，才能真正甩掉压力。

要想鸡血横飞地去完成上面所制定的目标，我们还需要给自己一点激励。而激励的方式就是，为每个目标设置一个奖励。

每当完成一个目标的时候，我们就可以及时奖励一下自己。奖励的原则就是小目标小奖励，大目标大奖励。

例如，在完成一个小目标之后，就奖励自己玩十分钟手机、去吃一顿好吃的或者是奖励自己看一场电影。在完成一个大目标之后，就奖励自己去买一件心仪已久的衣服或电子产品等。

在畅销书《你一年的8760小时：34枚金币时间管理法》中，作者艾力提到，每次在规划一周的工作之前，他会先把娱乐休闲（通常是玩《魔兽世界》）或者是朋友聚餐的时间提前规划好。无论是“娱乐休闲”还是“朋友聚餐”，这些其实都属于完成目标之后对自己的奖励。

艾力在书中反复强调了奖励自己的重要性：“这样的时间表，会让你先看到自己有充足的娱乐休闲时间，从而对这一周充满了期待。”当你开始学会奖励自己之后，你会发现，完成目标的过程其实就像是在玩一场好玩的打怪游戏。

05.把“制定目标”变成是一种习惯

当你因为事情多而感到压力山大的时候，按照上面四个步骤操作一遍，基本上能让你的心情放松不少。

但是，我们不一定非要等到压力山大的时候再去进行目标管理。如果我们养成制定目标的好习惯，就可以有效避免出现“事情一多就心烦意乱”的情形了。

很多人认为，制定目标好麻烦，不仅浪费时间，而且还会束缚自己的自由。如果你养成了制定目标的习惯之后，就会有完全不一样的看法了。也许你会发现，制定目标的背后其实是“主动掌控人生”的积极态度，结果是换来了更大的自由。

我一直相信这样一个道理：如果你不去掌控生活，那么你就会被生活所掌控。

时间管理：三条法则帮你轻松迎战职场压力

无论是在生活中还是工作中，很多压力都是由于一个人不懂得对时间进行有效管理所造成的。今天我们给大家介绍三条简单而又好用的时间管理法则，帮助大家更好地进行时间管理，从而轻松迎战职场压力。

法则一：10分钟法则

（一）适用人群

首先是拖延症患者。他们总是希望等到自己状态好些了，再动手做一件事情。最终的结果却是，神勇的状态迟迟不来，拖延症却变得越来越严重。

其次是喜欢逃避问题的人。他们总是能找出各种各样的理由，去逃避自己应当做的事情。例如，今天心情不好，就不干活了吧；或者是，今天头有点不舒服，明天再完成剩下的工作吧。

（二）法则介绍

这是我在读《自控力》一书的时候，学习到的一个方法。所谓10分钟法则，就是指当一项工作任务摆在你眼前，无论你内心多么想要拖延和逃避，都请告诉自己：先坚持做上一个十分钟看看。如果状态实在不好，再选择放弃；如果十分钟之后进入状态，那么就继续坚持下去。

（三）学以致用

万事开头难。人们往往容易在畏难心理的作用下，无法开始做一件事情。而10分钟法则之所以管用，就在于它能够通过给自己设置一个“10分钟”的小目标，进而让人们能够克服畏难心理，停止拖延，马上就动手去做一件事情。

大部分人在坚持完一个10分钟之后，就会积累一部分自信心，并且发现工作任务并没有自己想象的那么艰难。于是就很容易继续坚持下一个10分钟，最终愈战愈勇，成功战胜拖延。

法则二：离线法则

（一）适用人群

首先是重度手机依赖症患者。整日捧着手机不放，即使是在学习和工作的时候也不肯放下手机。手机上一收到信息提醒，就马上查看。其次是那些只要工作一小会儿就忍不住去玩一会儿手机的人。

（二）法则介绍

所谓离线法则，就是指在工作的时候，关闭手机上网功能，让手机保持离线状态。除此之外，为了避免手机的诱惑，把手机装到口袋或者是自己看不到的地方，让自己也保持离线的状态。

有人在坚持离线法则的时候，会担心漏掉重要信息。我们其实可以通过养成定时看手机的习惯，来解决这一个问题。例如，每过半个小时或一个小时看一次手机，然后再集中回复信息。如果一收到信息提醒就马上去看手机，我们的注意力就会被频繁扰乱。

频繁翻看手机这个坏习惯，会极大地影响到我们的工作效率。因为频繁地看手机，我们的思路会接连被打断。而一旦我们的思路被打断，往往需要花费更多的时间才能回到我们之前正在进行的工作轨道上来。

（三）学以致用

推荐给大家一款手机软件，可以帮助大家更好地来贯彻“离线法则”。这款软件的名字叫作“Forest”（绝非广告）。

这款软件有趣在，如果你能够在25分钟的时间内不玩手机，屏幕上的一棵小树苗就会长成一棵大树，这会让你很有成就感。

但是，如果你忍不住去玩了一下手机，系统就会提示“你的树已经枯萎”。如果你想要养成一棵大树，那么你就需要重新开始。当然，你也可以更加简单粗暴一点，在学习或做正事的时候，果断切断网络，直到休息的时候再看手机。

法则三：四象限法则

（一）适用人群

每天都感觉自己忙忙碌碌，被各种各样的事情牵着鼻子走的人。这一类人会在忙碌了一天之后发现，重要的事情一件都没有完成，大部分时间都消耗在了那些不重要的琐事上面了。

这一类人还会感觉，自己投入了80%的时间和精力，最终却只有20%的结果和产出。他们希望自己能够做到，投入20%的时间和精力，达到80%的结果和产出。

（二）法则介绍

四象限法则是时间管理的一个重要工具，也是用来提高工作效率的一个神器。这是我在读《小强升职记》这本书的时候学到的一个方法。按照四象限法则，我们可以将所有的事情分为四大类：

重要紧急的事情（突发事件等）、重要不紧急的事情（锻炼身体、技能学习、经营人际关系等）、紧急不重要的事情（朋友的闲聊邀请等、参加不重要的会议）以及不紧急不重要的事情（刷朋友圈、和朋友漫无目的的聊天等）。

对待这四类不同的事情，我们应当采取不一样的态度。

对于重要紧急的事情，这一点毫无争议，我们应该马上去做；对于重要不紧急的事情，我们应当制定时间表，有计划地去做；对于紧急不重要的事情，我们应该拒绝或者是外包给别人去做；对于不紧急不重要的事情，我们应当尽量不要去做。

（三）学以致用

在《高效能人士的七个习惯》这本书当中，史蒂芬·柯维提到了高效能工作者的一个重要习惯，那就是：要事第一（Put first things first）。当太阳升起、新的一天来临的时候，我们应当从最重要的事情开始做起。

具体来说，我们可以先把一天当中最重要的三件事情在纸上或手机上列出来，形成我们的日计划，然后完成一项删除一项。

日计划制订好之后，我们应当先集中精力去做那些重要紧急的事情（例如，某个即将到达截止日期的重要任务等）。接下来，我

们应该去做那些重要而不紧急的事情（例如，按计划读书、写作、学习新技能等）

如果前两类重要的事情都已经完成了，我们才要考虑是否要去做后面那两类不重要的事情。如果重要的事情还没有完成，那就一定按照上文所讲到的方法去处理不重要的事情：

对于紧急不重要的事情，先考虑能否拒绝。如果不能拒绝，那就想办法委托别人去做；对于不紧急不重要的事情，尽量不要去做。

说实话，我曾经也十分迷恋那种整日忙忙碌碌去做那些不重要事情的感觉，并且还天真地认为那就是所谓的“奋斗”。后来我才发现，这种虚假的“奋斗”并不能为我的生活带来任何实质性的改变。后来我在书上看到一句话，醍醐灌顶，用来作为文章的结尾：

如果你整日都在做十分重要的事，那么你就会成为十分重要的人。如果你整日都在忙一些不重要的事，那么你就会成为一个不重要的人。

精力管理：三招帮你告别力不从心

最近有一位网友给我留言说，她有一颗不甘现状的野心，但是却苦于没有时间和精力去实现。每当下班回到家的时候，她都感觉身心疲惫，什么都不想做，真的没有精力再去读书或者学习了。

说实话，我也曾经为这种情况苦恼。我常常会在工作了一天之后，晚上迫切想要看点书提升自己。但是当静下来的时候，我却发现自己身心俱疲，根本没有继续学习的力气了。

渐渐地，我认识到，**奋斗的路上光有一颗拼命三郎的心还不够，还要懂得如何合理地使用自己的精力。**

后来，在《精力管理》一书当中我懂得了，如何保存自己的精力，如何更加有效地去使用自己的精力。慢慢地，我的精力状况和整个人的状态都比以前好了很多。

下面，我们就把自己亲身实践过、同时又觉得比较管用的三个精力管理的方法和大家分享。

第一招：全情投入，及时休息

我有一位朋友小G，总是给人一副精力旺盛的样子。他走起路来抬头挺胸，说起话来中气十足，做起事来效率很高，刀起刀落，非常干脆。

有一次，我问他保持旺盛精力的原因，他和我转起了英语：Work hard, play hard（拼命工作，尽情玩耍）。这句话的确很有道理。在《精力管理》一书中，作者用另外一种方式诠释了同样一种理念：

"最丰富、最快乐和最高产的生命的共通之处，就是能够全情应对眼前的挑战，同时能够间断地放松，留给精力再生的空间。"

如果用两个词来概括这句话的意思就是：全情投入，及时休息。

为什么说要全情投入呢？因为只有全情投入，才能充分提高工作效率。高工作效率，才能尽快地把任务完成，从而预留出更多的时间用来放松、恢复精力。

为什么要及时休息呢？很多人都把在工作中休息当成是一种偷懒行为。但是实际上只有及时休息，才能保证有效的产出。

古希腊运动员训练手册的编撰者斐洛斯特拉图斯曾经提出，通过运动和休息的交替，可以最大限度地提高表现。

从精力管理的角度来说，如果你想保持精力旺盛的状态，那就不要把工作当成是一场漫长的马拉松，而是要把它当成一系列的短跑冲刺。短跑冲刺的特点就是，在比赛的时候做到全情投入，而在比赛结束之后要及时休息。

第二招：不要硬撑，心随境转

我的办公室，经常会有学生进进出出，所以办公环境通常比较嘈杂。

想要在嘈杂的环境下进行工作，通常需要耗费更多的精力将自己的注意力集中在工作上面。

有时候，为了提高工作效率，我会戴上耳机，屏蔽掉噪音。但是一直戴着耳机，有时也会忍不住去听别人在说些什么，担心漏掉一些重要的信息。这种惶惶不安的心情也会过多地消耗一个人的精力。

后来我就发现，在环境嘈杂的时候自己硬撑着去做一些烧脑的工作，会快速消耗一个人的精力。

经过不断反思与改进，我给自己提出了一项“心随境转”的原则。嗯，你没看错，这里写的是“心随境转”，而不是“境随心转”。

什么是“心随境转”呢？就是指，你要跟随环境的变化适当调整你的工作状态。当周围环境很安静的时候，你应该充分利用这段时间，好好工作和学习。当周围的环境很嘈杂，不适合继续手中工作的时候，你应该随着周围的环境做出相应的调整，利用这个机会好好放松一下，不要强迫自己继续工作下去了。

现在的我，很少再强迫自己在嘈杂的环境下继续工作了，因为我知道这样只会变本加厉地消耗宝贵的精力。如果身边的同事都在探讨工作话题，那就不妨加入其中，好好聊上两句，就当也是一种精神上的放松吧。

正所谓，此心不动，随机而动。

第三招：养成习惯，节省精力

最近，我的文章更新不是很频繁。在这一点上，我感觉有些焦虑。

当然，我可以为自己找很多理由来推脱。例如，自己正在读博士，需要花费大量的时间去读专业的书籍。另外，最近身体感觉有些透支，想要好好休息，等等。

但是，当认真反思这个问题时，我发现问题的症结在于：我放弃了自己之前坚持的好习惯。之前每天晚上吃完饭之后，我都是先坐在电脑桌前写一会儿文章。而最近我总是会在吃完晚饭后，躺在床上抱起手机先玩一会儿。

丢掉了在固定时间内写作的习惯，我经常会突然想起还未完成的写作任务，内心会感觉非常焦虑。但是当我真的抽出时间要去写作的时候，我却又发现，自己的精力已经消耗得差不多了。

在《精力管理》一书中，有这样一句发人深省的话：**"如果你每次做某件事之前都需要思考一下，那么你很可能不会长久地坚持去做这件事。"**

为了激励自己不断进步，我通过网络关注了不少牛人。后来，我发现这些牛人都有一个共同点，那就是他们都坚持有很好的习惯。例如，坚持早起的习惯，在一个固定的时间段内读书和写作、坚持运动的习惯，等等。

我们经常会说："优秀，是一种习惯。"

其实，养成一些良好的习惯不仅可以让一个人变得更加优秀，还可以帮助一个人更好地节省精力。

想想看，如果没有形成一些做事情的习惯，那么这个人每天都需要花费大量的时间去考虑“在接下来的这段时间内，我应该做什么”诸如此类的问题。而这种思考，通常是要耗费大量脑力和精力的。

举个例子，如果你是一个爱学习的人，但是你却没有养成读书的习惯。那么你每天都会花费大量的脑细胞去思考“我到底该在哪段时间去读书”的问题。这种思考，其实就是对精力的一种损耗。

如果我们能够养成每天早起读书的习惯，那么每次在读书前，我们就会少很多挣扎和思考的过程，从而把节省下来的宝贵精力用在读书这件事本身上来。

所以说，如果你想要减少在思虑上所花费的时间，把你最宝贵的精力更好地用在刀刃上，那么，就请尝试着去养成一些优秀的习惯吧！

跑步，在我状态最差的时候拯救了我

01.

坦白说，我在2016年的下半年过得并不怎么好。翻看我那段时间写的文章，经常会出现“最近，我感觉压力很大”等诸如此类的话。

从积极的角度来讲，这也是一件好事。因为我开始变得对“压力管理”这个主题更加感兴趣，也在这方面写了不少文章。

回到正题。从2016年下半年起，“成就动机”过于强烈的我，为了让自己早日实现所谓“质的飞跃”，在读书和写作方面，都对自己提出了更高的要求。因为拼得太猛，有那么一个阶段，我感觉身心疲惫、状态很差。

在此期间，我很少锻炼身体，同时还在短时间内逼着自己读了很多比较难啃的书籍。有一天，我读完亚里士多德的《尼各马可伦理学》这本书之后，开始隐隐约约地感觉头痛。

而且这股头痛并没有在短时间内消失。在接下来的两个多星期里，我感觉身体乏力，大脑发沉。

我甚至开始怀疑自己脑子里是不是长了什么不好的东西。后来到网上一查才知道，这是用脑过度表现出的症状。

我马上停下了各种读书和写作的计划，并且尝试用不同的方法来缓解头痛。例如，早早睡觉，也不再坚持早起。在将近两个星期的时间里，我都尽量做到自然醒，保证充分的睡眠。

如此一来，我的大脑感觉稍微舒服了一点，但只要稍微一看书，还是能感觉到头部有一些不适。

后来，家人开始给我加了一些营养品。炖鸡汤、吃海参，连吃了几天补品之后，感觉身体恢复了一些。但可能是补过头了，牙龈又开始上火，于是我就把营养品给停了。

那么，究竟做些什么才能缓解用脑过度的症状，从而恢复到原来神勇的状态呢？

02.

在认真反思一番之后，我发现自己经常以“太忙”为借口，在2016年下半年没有参加过任何形式的运动。

虽然有时候我会忽然想起，自己很久没运动了。但是我会马上安慰自己说，至少运动手环上显示，每天都走了很多步数，这就权当是运动了吧。

在没有什么更好的方式来改变现状的时候，我忽然想到，或许可以尝试去跑跑步。

我想起了村上春树写的那本书——《当我谈跑步时我谈些什么》。我在心里暗暗想道，像村上春树这么高产的作家每天都会坚持跑步，那么跑步这件事情对脑力劳动者来说一定有很多特别的益处。于是，我就开始了自己的跑步之旅。

第一天跑步结束之后，虽然自己的头部还隐隐约约感觉发沉，但整个人的精神状态明显好了很多。尤其是在洗完热水澡之后，我重新找回了久违的浑身舒爽、焕然一新的感觉。

隔了一天之后，我又去跑步。这一次，很明显，我找回了更多的状态。即使在跑步之前，我还要和自己进行长时间的思想斗争，纠结要不要去跑。

我内心的一个声音告诉我：“换衣服太麻烦，去运动太浪费时间。”幸好，内心另外一个强有力的声音进行了回击：“这些麻烦和运动完之后那种舒爽的感觉相比，真是不值得一提。”

事实也的确如此。也就是在跑完步的那天晚上，我去了图书馆，高效学习的时间超过了一个小时。要知道，在之前状态低迷的时候，我只能保证在图书馆坐上一个小时，但是远远无法达到高效学习的状态。

我必须要说，我重新迷上了跑步，我开始渴望得到跑完步之后那种“头脑灵活、浑身上下都充满活力”的感觉。

我也更加明白了村上春树在《当我谈跑步时我谈些什么》一书中，曾经提到过的一个支撑他跑步的重要原因——“想将身体感受到的愉悦尽量维持到第二天。”

03.

为什么跑步可以有如此神奇的作用呢？我买了几本脑科学的书，一探究竟。

在《让大脑自由》一书中，我找到了为什么“运动可以让我们的大脑更好地运转”的实证依据。

“运动可以使更多的血液流向大脑，为大脑带来丰富的葡萄糖作为能量，同时还能带走氧气吸附遗留下来的有害电子。”

“运动对人类大脑最强的生长因子——脑源性神经营养因子（BDNF）具有强烈的刺激作用。这种蛋白质可以保持现有神经元的年轻和健康，促使它们彼此相连。此外，它还能促进神经形成，在大脑中形成新的细胞。”

其实运动对大脑的好处还不止这些。相关研究还发现，“只要每周两次有氧运动就可以将罹患一般痴呆症的风险降低一半，而且将患阿尔茨海默病的风险减少60%。”

除此之外，运动对干预一些精神障碍（例如抑郁症和焦虑症等）也有一定的积极效果。在一项针对抑郁症个体的实验中，研究人员发现：“严格的体育锻炼实际上已经代替了抗抑郁药物。即使与药物控制组相比，治疗效果也是惊人地成功。”

04.

说实话，在认识到跑步有这么多好处之前，我一直是一个讨厌跑步的人。

一方面的原因是，我感觉跑步是一件非常单调和无趣的事情。想想看，一个人在那里不停地跑圈，不停地重复同样的一个动作，也不能和其他人交谈，真的是很无聊。另外一个方面，我感觉跑步比较麻烦，例如跑步前要换上一身的运动装备，还要做一些热身活动等。

以前的我，更喜欢打篮球或者是散步。因为打篮球的时候，有很多人可以陪着你一起玩，你还可以放肆地大喊大叫，宣泄心中的很多郁闷情绪。而散步的优势就是，可以省去很多换衣服的麻烦。

然而，渐渐地，我也发现了这两项运动的劣势：打篮球往往需要凑齐10个人才能打全场比赛，因此就不能随时随地去进行这项运动；而散步的劣势就是，如果走得太慢，就没有办法达到有氧运动的基础要求，因此也就无法起到锻炼身体或者是强健大脑的效果。

如此一来，跑步的优势就凸显了出来。你不需要像打篮球那样，凑齐好几个人再去运动。而与散步相比，跑步也算得上是真正的有氧运动了。

让我感到庆幸的是，在状态最差的时候，我重新开始了跑步，并且渐渐地爱上了跑步。

05.

养成跑步的习惯之后，我整个人又重新焕发了活力。头痛的症状渐渐消失了，睡眠质量也比以前要好很多。

而跑步带给我的，可能并不止这些身体上的益处。

有一天在跑步的时候，刚刚读完《禅者的初心》的我，忽然涌出了这样一个念头：如同禅宗将打坐当成一种修行一样，我觉得对于一个脑力劳动者来说，跑步也是一种修行。

在跑步的时候，我们需要不断重复同样的动作。其实想要在任何方面取得一定的成就，不都需要这样一种韧劲儿去重复做同样的事情吗？

我一般都是早起读书，然后利用晚上的时间写作。坚持做这两件事非常枯燥，有时候我会偷懒，偷偷玩会儿手机，荒废了不少时间。但是要想有所成就，有时候就需要这种像跑步一样重复去做同样一件事情的精神。

不得不说，坚持跑步会强化一个人的毅力和执着精神。慢慢地，我变得比以前更能坐得住了。这或许就是跑步带来的精神层面上的益处吧。

最后，我想引用村上春树在《当我谈跑步时我谈些什么》中的一段话作为文章的结尾：

“我从一九八二年的秋天开始跑步，持续跑了将近二十三年，几乎每天都坚持慢跑，每年至少跑一次全程马拉松——算起来，迄今共跑了二十三次，还在世界各地参加过无数次长短距离的比赛。

跑长距离原本与我的性格相符合，只要跑步，我便感到快乐。在我迄今为止的人生中养成的诸多习惯里，跑步恐怕是最有益的一个，具有重要意义。我觉得由于二十多年从不间断地跑步，我的躯体和精神大致朝着良好的方向得到了强化。”

希望越来越多的人，能够爱上跑步，并且从中受益。

失眠的时候，请接受身体内在智慧对你的提醒

01.

我算是一个资深失眠者，曾经有过长达一年的失眠经历，幸运的是，我最终成功地从失眠的阴霾中走了出来。就在今年4月份，我还受邀到一所大学为心理学的研究生们做了一场有关失眠的分享。

在那次分享当中，我告诉在场的老师和同学们：失眠对我来说，其实是一份包装丑陋的礼物。

睡不着觉的时候，往往是我们离真实的自己最近的时候。正是因为失眠，我才开始慢慢探索自己的内心。正是因为失眠，我才开始慢慢追随自己的内心做事情。

我把失眠当成了身体内在智慧对我的一种提醒。可以说，正是在失眠的引导下，我才一步步走上正确的道路。如果不是当年的失眠，现在的我不可能成为一名积极心理学的老师。

在那次分享结束之后，我一直在思考如何将自己的个人经验上升到一定的理论层面，从而惠及更多的人。后来，我就读到了加藤谛三的《写给失眠者的心理学》这本书。

这真的是一本写给失眠者的绝佳好书，尤其是对我这种曾经有过失眠经历的人来说。这本书非常系统地诠释了失眠的原因以及应对方法。

02.

表面上看，失眠好像是由某些现实原因造成的。例如：明天要去做一个重要的演讲，因为担心发挥不好而紧张失眠；或是白天受到了某个领导的批评，因为感觉很失落、很伤心而失眠；或是自己遭受了不公平的待遇，但是却又无法表达出，因为气愤而难眠；又或是为了未来的某些重大事件如感情问题、职业转换问题而焦虑难眠；等等。

但实际上，失眠是由深层次的心理原因造成的。想想看，上述令人不爽的情景很多人都会碰到。但是有的人会失眠，有的人却能安然入睡。这当中起关键作用的，其实是一个人的心态。

《写给失眠者的心理学》这本书认为，导致一个人失眠最重要的心理因素就是自卑的心态。

为什么这样说呢？因为当我们对一个经常容易失眠者进行心理画像的时候，不难从这些容易失眠的人身上发现下列共同特质：如多愁善感、害怕拒绝别人、没有安全感、不敢表达愤怒、害怕得不到别人的认可、容易紧张焦虑等等。

而这些心理特质都指向一个核心特质——自卑。

加藤谛三在书中写道："有自卑感的人，从小开始就觉得是因为自己不够优秀而不被大家喜欢。自卑的人时刻被'我要变得更加优秀'的声音催促着，并因此而焦虑。如此一来，自卑的人才总是很紧张。他们总是为心中的'必须做这，必须做那'的声音催促而焦虑。总是很紧张，睡得着才是件奇怪的事情。"

03.

加藤谛三在书中还写道："今天的失眠不是因为昨天发生的事情，有可能是十几年的生活方式才导致了今天失眠的你。"

从小我就是一个有自卑感的孩子，至少"自卑"这个词在老师给我的期末评语上，出现过很多次。也许这和我的成长经历有关。在我小时候，父母为了更好地生活，常年在外面做生意，把我留给爷爷奶奶看管。于是，我很少能够得到父母无微不至的关心和照顾。

对于一个小孩子来说，当他无法得到父母无条件的关心和爱的时候，他就会感觉自己是不值得被爱的。因此，他就会感觉没有安全感，就会感觉很自卑。

父母对孩子无条件的爱，其实是一个人自信心的最初来源。如果一个小孩子能够在童年期得到父母无条件的关爱，那么长大之后，他就很容易显得很有自信。如果小孩子在童年期没有得到父母充分的关爱，那么他就很容易拥有一颗自卑的心。

生性敏感的我，自然很容易失眠，我总是害怕得不到别人的认可。在之前的日子里，我经常会因为第二天的某个重要讲座或演讲而紧张得失眠。在2009年的时候，我更是因为担心研究生毕业之后没有办法找到一份合适的工作，而失眠了整整一年的时间。

现在的我，已经与失眠和解了，因为我对自己失眠的原因已经有了清醒的觉知。我知道，自己之所以容易失眠，是由我的个性特征和很多年的生活经历造成的。我没有办法改变我的童年经历和我的个性。我能做的只有平静地接纳现实，然后不断调整自己的心态。

接纳现实之后，我很少再像以前那样整晚睡不着了。偶尔一次失眠，我也会把失眠当成一位老朋友。我会认真体悟每次失眠背后所要告诉我的东西，并且把失眠当成对我的一种友善的提醒——“是时候调整一下自己的心态了”。

04.

下面，我们就来谈谈该如何应对失眠。注意，在这里我们要探讨的是心因性失眠。俗话说，心病终须心药医。所以，睡前泡脚、洗澡、数绵羊等方法不是这篇文章的探讨主题。另外，如果你是因为白天咖啡喝多了而失眠，也请自动绕行。

首先，要把失眠当成一份礼物。

失眠其实是身体内在的智慧在提醒你：“不要再继续维持现状了，是时候做出一些改变了。”

举个例子说明一下：有一个不适合做销售的人，为了赚得高薪，硬是逼自己从事了销售工作。结果这个人每天都感到工作压力巨大，经常失眠。这其实就是身体的内在智慧在通过失眠的方式提醒这个人，应该放弃销售工作，或者是调整自己病态的野心了。

后来这个人追随内心的声音，换了一份工作。从此生活质量和满意度都有了很大的提升，也很少再失眠了。

如果我们能够接受身体内在智慧的提醒，及时做出一些改变，那么失眠就会变成一件好事，变成一份礼物。

其次，要直面问题，不要逃避。

失眠，是反思自己的绝佳机会。因此请直面失眠，不要逃避。越是想从失眠中逃离，越会在失眠的旋涡中越陷越深。

人们已经发明了很多逃避问题的方式。无论是酗酒，还是吃安眠药，这些方式都可以让你暂时昏昏沉沉地睡过去。可是，这都是逃避问题的表现，都是治标不治本的做法。

2009年失眠的时候，我曾尝试过各种各样的方式治疗失眠，例如喝酒、吃帮助睡眠的药物、白天拼命地打篮球让自己的身体变得疲惫、看了很多养生的书籍、拼命地玩电脑等等。其实，这些都是逃避问题的表现，我的睡眠依然很差。

直到后来，我痛定思痛，鼓起勇气开始面对现实。当时我因为害怕找不到理想的工作而焦虑失眠，我就从增强自身能力开始，一点一滴地去奋斗——考证、读书、找实习等等。当踏踏实实地做完这一件件的事情之后，我的睡眠质量开始变得越来越好。

最后，要走出孤独，建立亲密关系。

想象一个在母亲怀抱中安睡的婴儿。婴儿之所以能够安然入睡，是因为母亲的怀抱可以给他安心感和踏实感。对于一个容易失眠的人来说，如果有信任的人在身边，便能找到一份安心感和踏实感，就很容易安然入睡。

这个世界上，比野兽更可怕的就是孤独。一个孤独的人，一旦丧失了和这个世界的联结感，就很容易失眠。因为他害怕一个人去面对冰冷的夜晚。

一个朋友告诉我，她在异地求学的时候经常失眠。每当放假回家的时候，却能安然入睡。因为家里有她最亲爱的人。无论有多大的压力，只要睡在家里的床上，就会感觉最踏实。

要想建立亲密关系，就需要卸下自己的层层伪装，真诚地去交朋友或者是认真地经营一份感情。对一个失眠者来说，一旦拥有了稳固的亲密关系，就容易安然入睡了。

希望今天晚上，你能够做个好梦。

Part 5

自我激励：自我怀疑才是最大的阻力

如何对待工作中令你感到无聊的那一部分，恰恰能反映一个人在职场上的心智成熟程度。这个时候，我们就需要对自己进行有效的自我激励。

如何充满热情地去做一份平淡无味的工作

我用手机写这篇文章的时候，天色已晚，当时我正坐在回家的地铁上，乘客的脸上都写着疲惫。

我猜想其中很多人都和我一样，生活得并不容易。每天很早就要起床上班，很晚才能下班，然后在上班和下班的路上还要忍受着这座城市拥挤的交通。

但我一直坚信一个道理：对一个年轻人来说，最怕的不是工作上的辛苦，而是看不到未来的希望，丧失了对工作的热情。

假若一个人能够充满热情地去做一份工作，那么他很少会抱怨工作的辛苦。假若他已经对工作丧失了热情，那么他每天都会在无声的绝望中煎熬。

所以说，保持工作的热情对年轻人来说，是一件非常重要的事情。而我们今天要探讨的话题就是：如何通过三个切实可行的方法对自己进行有效的自我激励，进而帮助自己重新找回工作的热情？

01.为平凡的工作赋予特殊的意义

我们先来看一项有趣的研究。

来自美国纽约大学的教授Amy Wrzesniewski和她的同事一起研究了28名医院清洁工的工作日常。因为都是清洁工，所以这些人的工作内容几乎一模一样。

但是，这些清洁工在工作中却展现出完全不一样的精神状态。有的人工作积极主动、充满热情，有的人工作消极被动、闷闷不乐。

那么，充满热情的清洁工和闷闷不乐的清洁工相比，最大的差异在什么地方呢？

原来，那些积极主动的清洁工，并不仅仅把自己当成一名清洁工，他们还把自己当成是病人的健康管理师。他们好像是带着一种特殊的使命在工作，他们坚信通过自己的清洁工作，可以创造更加美好的环境，从而促进病人身体更快康复。

因为有一种强烈的使命感，所以这些清洁工能够更加有效率地去工作，会更加主动地去预见医生和护士的需求，他们甚至会主动增加自己的工作量。

相反，那些把清洁工当作一份苦差事的人，仅仅只会完成自己分内的工作，并且处于消极应付的状态。

同样是一份清洁工作，因为被赋予了不同的意义，清洁工们展现出了完全不同的精神状态。

再举一个例子。有一次，我受邀为一群特殊教育的老师做了一场有关如何提升职业幸福感的讲座。在和这群老师交流的时候，我得知特殊教育老师的工资并不高、工作内容单调枯燥、工作难度也很大。

其中一名特殊教育老师告诉我说，她曾经花了好几天的时间才教会一名智障儿童拍篮球这个简单的动作。在这几天的时间之内，她几乎天天都在重复同样的教学内容。

那么，为什么这些特殊教育老师能够坚持做这样一份工作呢？一番了解之后我得知，那些从事特殊教育很多年、并且依然对这份工作保持着热情的老师，都为这份工作赋予了特殊的意义。

她们会觉得自己才是真正的灵魂工程师，她们觉得自己的工作非常有意义。当然，事实也的确如此。同时，她们身上有一股强烈的使命感，她们想要通过自己的努力，帮助更多的特殊儿童树立生活的信心。

所以说，如果能够为普通的工作赋予特殊的意义，也许可以帮助你重新找回工作的热情。

02.在工作中尽可能地发挥自己的优势

我在大学里的工作内容，除了给学生上幸福课之外，还要做一些管理方面的工作。很多人都知道，学生管理工作非常烦琐，而且还经常会担心自己带的学生出现什么突发状况。

刚开始工作的时候，我感到十分焦虑，因为我常常感觉这份工作没有办法充分发挥自己的潜力。工作到第三年的时候，我开始有了一些职业倦怠感。

就在那个时候，我接触到了积极心理学。积极心理学之父马丁·塞利格提出了一个理念：所谓幸福，就是找出自己的优势，并且在生活和工作中尽可能地发挥它。

我十分相信这句话的力量，并且开始按照这一理念去改造我的工作。

我知道，自己的优势在于我的心理学背景，我善于说服别人、在思想上影响别人。于是在做好本职工作的同时，我开始在学校开设幸福课，写订阅号文章，传播积极心理学的知识和相关理念。

当然，去做这些发挥自己优势的事情，意味着要牺牲很多业余时间。我经常在上了一天班之后，晚上接着给学生上两个小时的幸福课。然后还要坚持早起晚睡，来完成订阅号文章的写作。虽然很累，但是我认为这一切努力都是值得的。因为在这个过程中，我体会到了强烈的成就感和幸福感。

其实，一个人的优势在工作中运用得越多，那么他的存在感就会越强，幸福感指数也就会越高。而积极情绪是可以迁移的。当你发挥自己优势的时候，你会感到开心，而这种开心的情绪可以迁移到工作的其他方方面面，从而让你重新燃起对工作的热情。

03.重新发现当下工作中美好的一面

前些日子，几个大学同学聚会。很快，这次聚会就变成了一场吐槽大会。大家纷纷开始谈起自己在工作中遇到的烦心事。每个人发言的目的好像只有一个，那就是要证明自己的工作才是世界上最无聊、最悲惨的。

掐指一算，我们几个人都已经工作五年多了。很多人的心态也从刚刚开始工作时的感恩和兴奋，变成了对工作的倦怠和无奈。

就像是两个结了婚的人在一起待久了，很容易把另一半的优点当成是理所当然，满眼都是对方的缺点一样。一份工作做久了，也很容易选择性地忽视它美好的一面，满眼都是对它的不满。

陀思妥耶夫斯基曾经说过，“人只喜欢数他自己的烦恼，却不计算他的幸福。”

要想重拾工作的热情，我们就需要重新发现当下美好的一面。那么，如何才能发现美好的一面呢？我想答案就是四个字：不忘初衷。

具体来说就是，如果你觉得现在这份工作有那么多令你不满意的地方，那么不妨思考一下：当初你为什么要选择这份工作呢？既然当初你能从众多工作中选择了现在的这份，就说明这其中一定有非常吸引你的地方。

再就是，如果你对现在的工作如此不满，那么为什么没有辞掉呢？想必它一定也有让你恋恋不舍的地方吧。

例如，那些嫌自己工作赚钱少的人，往往是过于看重自己工作中相对稳定和轻松的一面。而那些抱怨自己工作压力大、没时间休息的人，往往是被“赚大钱、做大官、成就一番伟业”的工作价值观所吸引。

其实没有必要因为工作当中的不如意做过多抱怨或者是怪罪别

人，路都是自己选的。

如果你没有跳槽的勇气，那么对当下工作过多地抱怨，只会更快地消耗你身上仅存的热情。

而只有经常提醒自己去发现自己工作中原本就存在的美好的一面，我们才能重新找回工作的热情。

如何从看似无趣的事情当中，获得最大的收益

01.

在我读研究生的时候，每门课程结束之后，都要上交一篇小论文作为课程的作业。很多人对待这个小论文的态度都是马马虎虎，东拼西凑、差不多能交差就行。

然而，我的一位同学，他对待这篇小论文的态度和大部分人都截然不同。他是一位高校在职老师，为人处世都特别成熟，我们都亲切地称呼他为“大哥”。

“既然都花时间去写这篇小论文了，为什么不多花点精力，把它写得用心一点、专业一点，然后争取把这篇论文发表在学术期刊

上呢？”这是这位大哥曾经对我说的话。

于是，他非常用心地去完成每门课程最后的小论文，并且积极地去投稿。最终三年下来，他发了很多论文，有好几篇论文都是在核心期刊上发表的。

现在我研究生毕业已经五年了，而这位大哥凭借他那股做事认真的劲儿，在一所师范大学里，先是从讲师破格晋升为副教授，然后又破格晋升为教授。现在，他已经是硕士生导师，开始带研究生了。

当我们迫不得已要去做一件看似无趣的事情的时候，不妨采用“一石二鸟”的心态。

例如，在一家国企工作的你，根据领导的要求，不得不写一份年底总结。很多同事都从网上下载一份，稍加修改，应付了事。但是你却可以采用“一石二鸟”的心态去做这件事情，多花点心思去写这份年终总结。这样一来，你不仅可以完成领导交办的任务，又可以把自己在过去一年所做的事情梳理一番，从而让自己下一步工作的思路变得更加清晰。

02.

之前在网上看到过一篇非常火的文章，文章的名字叫作《我的助理辞职了》。

在文章中，刘苏讲到她招聘了一位名牌大学毕业、长发飘飘、并且各方面都表现非常优秀的女孩作为自己的助手。可是不到半年时间，这名女孩就提出了辞职请求。女孩辞职的理由就是，她每天都要去做像“贴发票”这种琐碎而又枯燥的事情，因此她感觉没有成就感。

面对女孩的辞职请求，刘苏讲到了自己当年是如何对待“贴发票”这件事情的。她认为“贴发票”这种看起来无意义的事情，其实涉及了公司很多方面的运营信息。于是她做了一份表格，将报销的数据按照时间、数额、消费场所、联系人、电话等记录了下来。在整理数据的过程中，她了解了公司的很多运营情况，以及领导在处理公司事务时会遵循的一些常见的方式，进而对领导做事的意图有了更加清晰的了解。

后来领导慢慢发现，每次给刘苏布置任务的时候，她都会处理得非常妥帖。在刘苏升职的时候，总经理夸刘苏是他用过的最好的助理。

当你迫不得已要去做一件看似“无趣”的事情的时候，不妨尝试去挖掘无趣事情背后的重要意义。

就如同我们刚刚讲过的案例，“贴发票”这一件看似无趣的事情，也许可以帮助你了解整个公司的经营信息。我的一位朋友小野，一开始在公司担任总裁助理。名牌大学毕业的他，每天都要做很多看似无趣的事情。但是他丝毫没有怠慢，每一件事情都认真完成。就是在做这些无趣事情的过程中，小野的办事能力给领导留下了深刻的印象，同时也和总裁建立了很好的关系。最终，小野被派往公司的人力资源部，担任人力资源部的副部长，混得风生水起。

03.

刚工作那会儿，我有幸做了将近两年的留学生辅导员。说实话，给留学生做辅导员并不是一件容易的事情。

留学生刚来上海，对一切都不熟悉。加上语言不通，有很多学习和生活上的问题需要辅导员解答和处理。从办理各种各样的入学手续到带着留学生参加课余活动，从各种日常管理工作到处理因为文化差异造成的一些难题，很多时候，作为辅导员的我都事必躬亲。

刚开始的时候，我感觉事情很多也很杂，工作压力很大。后来我就告诉自己：做留学生工作虽然很辛苦，但这也是锻炼英语口语的绝佳机会。要好好利用这个机会，把英语口语锻炼好。

在完成这个思维转变之后，我的工作态度变得更加积极主动。每当留学生给我打电话的时候，我心里想的不再是“不会又出了什么糟糕的事情了吧”，而是“嗯，又可以好好地锻炼英语口语了”。

在这种思维模式的推动下，我的英语口语也有了很大程度的进步。以前给外国朋友打电话之前，我都需要考虑再三，有时还需要在心里打个腹稿。但是随着和留学生交流次数的逐渐增加，现在只要抓起电话，马上就能和他们进行流利的英文交流了。

当你不得不去做一些看似无趣的事情的时候，不妨把这件事情当成是锻炼自身能力的契机。

例如，当你不得不去做一些行政事务的时候，也许正是在锻炼你忍辱耐烦的能力。你可以把一个难缠的客户当成是倒霉一天的开始，也可以把这当成是锻炼自己情商的绝佳契机。只要认真去发掘，做事情的过程就可以变为锻炼自身能力的过程。

04.

其实，这个世界上没有一份工作可以始终充满乐趣，我们都需要在感到无趣的时候，给自己一点有效的自我激励。

刚刚开始工作那会儿，我曾傻傻地认为，所谓完美的工作就是——这份工作的每一项内容都会让我感到无比兴奋，我将带着全部的激情去应对工作中的每一次挑战。后来我发现是自己想多了。其实，再好的工作，也会有让你感到十分无聊的事情，例如冗长的会议、各种需要上交的表格、烦琐的报销流程等等。

但是，你不能因为工作中存在着这些让你感觉无聊的事情，就否定整份工作。有人一旦碰到无趣的事情就会开始怀疑自己是否真的适合这份工作，进而通过跳槽来缓解自己的焦虑。这其实是一种典型的“逃避问题”的心态。

其实，如何对待工作中令你感到无聊的那一部分，恰恰能反映一个人在职场上的心智成熟程度。这个时候，我们就需要对自己进行有效的自我激励。

对于那些不太成熟的职场新人，他们的思维模式往往是：“怎么总是让我干一些无聊的事？还是随便糊弄一下吧，等到碰到自己真正感兴趣的事再好好去干吧！”（第一种选择）

而更加成熟的一种心智模式应该是：“好吧，再完美的工作当中也会有一些无聊的工作内容。我现在需要做的就是，尽可能地把手边的这件事做好，然后努力从这件看似无趣的事情当中获得最大的益处。”（第二种选择）

面对这两种选择，聪明的你会如何选择呢？

比起奋不顾身的辞职，我更赞赏温柔的坚持

01.

我的朋友Cherry和我一样，原本也在一所大学工作。她经常会抱怨自己的工作环境太封闭，工作内容没有兴奋点和刺激，自己的潜力没有得到充分发挥。

终于有一天，Cherry告诉我说：她想要辞职，去外面的世界看一看。理智告诉我，对Cherry来说，这并不是一个好主意，原因有二：

第一，每次和她交谈的时候，她都只谈在大学工作的缺点，从来没有谈优点，这说明她还无法客观地看待当下的工作，想法还不够成熟。

第二，她只是想要通过辞职来逃避现在的工作，但是对于“未来想要从事什么工作”“到底什么样的工作真正适合自己”这两个重要问题，还没有想得很清楚。

我告诉Cherry说：“你最好采取骑驴找马的策略，先通过小范围地试错，弄明白自己究竟适合做什么，然后在确定好奋斗目标之后，再有针对性地打磨自己的核心竞争力，等到条件成熟后，再跳槽。”

但是Cherry笑着说了四个字：“时不我待。”

辞职之后的Cherry，凭感觉进入了一家互联网公司的创新实验室工作。她的顶头上司比她小了5岁，非常有干劲，经常带领大家加班熬夜搞项目。

开始的时候，Cherry感觉自己终于找到了奋斗的感觉，干得很起劲。但是不到一个月，Cherry告诉我说，她有些吃不消了。

“团队成员全部都是一帮生龙活虎的90后，我这个80后的大姐真没有办法和他们拼体力了。另外，虽然我的leader很有干劲，但是缺少一些长远的眼光和规划。一个月风风火火地做了很多项目，但是大部分项目都未成形就夭折了。这简直就是在瞎折腾啊！”后来Cherry向我大倒苦水。

“真是吃不消，我准备再换一家公司。”说完这句话之后，

Cherry的眼神中透露出几分无奈和失落。

02.

我的另外一位朋友Steven，原本是一名中学体育老师。虽然他在三年前就有了跳槽的打算，但是他始终按兵不动，默默地积累着自己的能量。

上周听到他辞职的消息，我一点不感觉到诧异。因为我知道，为了这一天，他等了好久。

Steven毕业于知名的体育学院，大学毕业之后为了求得一份稳定的工作，进入一所中学做体育老师。

显然，教书育人这件事情没有办法满足他的全部野心，他感觉自己的很多才华都被强烈压制住了。

他想赚更多的钱，想要闯出一番事业来，他还想要早点还完房贷。因此，他一直都特别努力。

从我认识他的那一天开始，他好像从来都没有“周末要好好休息”的概念。他几乎利用自己全部的业余时间，尝试各种不同的赚钱方式。他搞过代购，炒过股票，还和别人一起合伙开过一家快餐店，最终他确定了自己的事业发展方向——成为一名优秀的户外拓展培训师，并且成立一家属于自己的培训公司。

在确定这个目标之后，他开始全身心投入学习，学习如何成为一名优秀的户外拓展培训师。他拜了一名经验丰富的师傅，从助理培训师开始做起，一边打杂，一边学习。

某个周末，他要跟着师傅去外地做户外拓展培训，喊上我一起去帮忙。当时是一个大夏天，我看着30岁“高龄”的他像一个跟班小弟一样跑东跑西。他一会儿要协助摄影，一会儿要协助准备培训所需的各种器材，一会儿还要分发矿泉水……总之，他忙得是大汗淋漓，又不亦乐乎。

在空闲的时候，他马上掏出一个小本子，在本子上飞速记下师傅在上课时所提到的重点内容。一天忙活下来，他又拉着我做他的陪练——他做培训师，我做学生，把白天从师傅那里学到的内容再给我讲一遍，并且让我给他挑毛病，一直折腾到很晚才睡。

那天晚上，我忍不住问他：“既然你这么喜欢做户外拓展培训，为什么不直接辞掉学校的工作专心投身这一行呢？”

Steven告诉我说：**“比起奋不顾身的辞职，我更喜欢温柔的坚持。现在我每月都要还不少房贷，如果辞职去做培训师，只能从助理培训师做起，收入会比现在大幅降低，整个家庭都会承受巨大的经济压力。我想先利用业余时间把自己的培训技能锻炼好，等到我能独当一面的时候再辞职。”**

Steven一直都按照自己的计划稳步前进。大概花了将近三年的时间，他的出场费已经达到了一天2000元起，并且积累了稳定的客户资源。很快，他就毫无留恋地辞职了。

03.

在当今社会，越来越多的年轻人已经不再把“工作稳定、收入还行”当成好工作的重要标准了。他们更加看重一份工作是否有趣，是否适合自己。

这其实是时代进步的一种标志。但是我们也要小心这种现象背后隐藏的陷阱。这个陷阱就是：

仅仅因为自己不喜欢当前的工作就奋不顾身地辞职，或者仅仅因为逃避现实中的问题就奋不顾身地辞职，却并不明确自己真正喜欢的工作是什么，缺乏长远的职业规划。

对于一个不知道自己想要什么的人来说，随便换一份工作，就相当于从一个火坑跳到了另外一个火坑。

而对于知道自己喜欢什么但没有做好充分准备的人来说，很容易经历一个长时间的阵痛期，甚至是亲手扼杀了自己的梦想。

我的一个已经毕业的学生，辞掉了稳定的工作，去酒吧驻唱。虽然他很喜欢唱歌，但是实际上他并没有做好充分的准备。在半年的时间中，他很少接到活儿，因此没有得到多少表演的机会。在吃了三个多月的泡面之后，他感觉实在是坚持不下去了，于是把吉他收了起来，去做了一名销售。

盲目辞职往往具有很大的危害，因为在很大程度上，这可能会挫伤跳槽者的自信心，让跳槽者开始变得愤世嫉俗。

因此，比起奋不顾身的辞职，我更赞赏温柔的坚持。所谓温柔的坚持，就是懂得坚守和隐忍。会在跳槽时机真正成熟之前，去忍辱负重，为心目中理想的工作默默储备力量。

说得再具体点，那些懂得温柔坚持的人，会信守“骑驴找马”的人生哲理。在找到白龙马之前，他们会耐心地骑在自己的小毛驴上，拼命积攒自己的实力，等待机会的真正降临。

等到他们的实力强大到足够去驾驭白龙马的时候，一旦机会降临，他们便会毫不犹豫转换工作，拿到他们真正想要的东西。

三个方法，帮助你更好地坚持去做一件事情

01.

凌晨四点，我比闹铃提前两个小时醒来，睡意全无。我一直惦记着，本周的写作任务还没有完成。

写这篇文章的时候，学校正在放寒假，我拖家带口回了山东老家。在这段时间里，我有太多文章选题需要去写，有太多亲戚需要去看望。同时，还需要花费大量时间照看孩子，一直都没有足够多的时间静下心来读书写作，心里有些着急。

我第一次觉得，凌晨四点醒来是一件很幸福的事。因为在孩子醒来之前，我还有将近三个小时的时间可以不受干扰地写作。

由于害怕写作时噼里啪啦的键盘敲击声会把孩子吵醒，我蹑手蹑脚地穿上衣服，把自己包裹严实，从温暖的卧室来到没有空调和暖气的客厅进行写作。

北方的冬天可真冷啊！即使隔着一层厚厚的羽绒服，我依然能感觉到木质沙发靠背上传递来的冰冷温度。

坚持写作可真难啊！你需要不断走出自己的舒适区，去考验自己的意志力。

作家严歌苓在接受采访时曾说过：“写作不是每个人都能忍受的，这需要自我挑战和强大的意志力。在写得不顺的时候站起来，还有没有毅力再坐下去？所有的挣扎都是和自己的抗争，当完成作品时，就会有巨大的成就感和满足感。”

对于这段话，我深有同感。作为一个长期坚持写作、并且想要通过写作让自己变优秀的人，每篇文章的诞生，实际上都意味着不断挑战自己的舒适区，向自己的懒惰发起一次又一次的冲击。

在长期和懒惰扭打的过程当中，我发现：虽然说坚持是一件很难的事情，但是我们依然可以通过一些科学的方法帮助自己更好地坚持下去。下面，我就和大家分享三个我感觉比较实用的方法。

02.

第一，吃掉那只青蛙，每天从最艰难的事情开始做起。

马克·吐温曾经说过，如果你早上的第一件事情是吃下一只活的青蛙，那么今天其他所有的事情都没有什么好烦的了，因为没有什么事情比活吃青蛙更让人难受的了。

这段话被很多时间管理的书籍所引用，并且引申出一个重要的理念——我们每天应当从最艰难的事情开始做起。

最艰难的事情往往也是最重要的事情，在《高效能人士的七个习惯》这本书中，强调的高效能人士应当具备的一个重要习惯就是——要事第一。

一个具有自律精神的人具备的一个显著特点就是——先把最难的那件事情给完成。这样再做其他事情的时候，心情就会越来越好，越来越有信心，从而更加容易坚持下去。

而如果总是逃避做艰难的事情，则会慢慢养成拖延心理，最终无法成功地坚持下去。

第二，形成固定的习惯，让坚持变得更加容易。

在《精力管理》这本书中，作者曾经提到过这样一个重要理念："如果你每次做某件事之前都需要思考一下，那么你很可能不会长久地坚持去做这件事。"

而我们一旦形成一些做事情的固定习惯之后，那么在做一件事情的时候就更加容易坚持下去。

因为到了某个时间点之后，你会自然地想起要去做某件事情，而不需要花费很多脑细胞，在脑海中反复考虑，我到底应该在一天中的哪个时间段去完成那件还未完成的事情呢?

实际上你所看到的这篇文章，就是在我形成早起写作习惯之后完成的。说实话，第一天坚持早起，从被窝中爬起来写作的确很不容易。但是一旦养成习惯之后，就没有那么难了。

习惯会慢慢形成一股强大的洪流，从而让一个人变得更加优秀。

第三，运用榜样的力量，让自己不再轻言放弃。

我在不同的社交媒体上，关注了很多比我优秀很多的写作者。这种榜样的力量，对一个人的激励作用是无穷无尽的。

每当我想要偷懒的时候，看到别人还在坚持更新文章，我马上就会鼓起十足的干劲——比你优秀的人都如此努力，你还有什么理由偷懒呢?

一个朋友曾经跟我说，真佩服你一年能利用业余时间写100篇文章。但是我心里很清楚，和我关注的那些优秀作者比起来，尤其是那些坚持每日更新一篇高质量文章的作者相比，自己瞬间弱爆了。

要想变得更加优秀，就要多和优秀的人待在一起。在互联网时代，这件事其实非常容易。你可以通过关注那些优秀的人的微博或微信，关注他们的动态，读他们写的文章，来获取源源不断的前进动力。

03.

最后，我想再来谈谈坚持的意义。

2016年我总共写了100篇文章，有不少文章被网络大号转载，成为热门文章。其中的3篇文章，还和不同的公司签订了出版合同，和其他作者的文章一起，以合集的形式出版。我的第一本书《痛苦，不过是一份包装丑陋的礼物》，也已经在2017年上半年由清华大学出版社出版发行。

在今后的日子里，我希望自己能够写出更多更好的文章，通过写作来改变自己的人生轨迹。也许有人会说，写作这件事不要太追求数量，关键是质量。

那么，如何才能写出高质量的文章呢？好的选题、吸引眼球的标题、逻辑清楚的文章框架、能够带给别人价值的文章内容，都是加分项。除此之外，我觉得坚持不断写下去、保证一定的写作数量也很重要。我们很难想象一个很少练笔的人，只要一下笔就能写出高质量的文章来。

只有坚持不断地写作，并且把文章在网络平台上发布出来，才能得到读者源源不断的反馈。知道自己在写作方面的缺点和不足，从而不断改进自己的写作技巧，提升自己的写作质量。我始终觉得，对于一个初阶的写作者来说，写的文章越多，练笔越多，写出高质量文章的概率才会越大。

一直以来，我特别佩服那些坚韧不拔的电话销售，虽然他们的推销电话大部分都会被人无情挂断，但是他们会坚持打下去。

我一个做过电话销售的朋友给我讲过这样一个道理。他说，好的电话销售不会因为一次两次的拒绝而感到气馁，因为他们坚信：

你只有打了足够多的电话，才能提升自己的沟通技巧，继而有机会把握住更多的潜在客户；只有把握住足够多的潜在客户，才能有机会创造更多的成交客户，让自己更好地谋生下去。

无论是写作还是打销售电话，只有尝试得多，成功的概率才会越大。这就是我所理解的，坚持的意义。

你必须足够努力，才配拥有心流体验

01.

上个周末，我受邀参加一场HR主题沙龙活动。中间由我为来自不同公司的20位HR和职场精英做一场如何提升职场情商的主题分享。

考虑到这次活动可以认识很多HR，了解不少行业知识，我就愉快地接受了邀请。

不得不说，要给职场精英和HR们上一堂课，我的压力真的好大。他们当中很多都是职场老手，有人是专门负责公司培训工作的，还有人本身就是公司的内训师。

为了做好这次长达六个小时的分享，我几乎把前一个周所有的业余时间都利用了起来。我总共做了70页PPT，在短短几天内修改出三个版本。为了增强互动性，我还设计了很多案例研讨环节。

为了确保万无一失，我为这场分享写下了三万多字的逐字稿。开场的时候应该说哪些话，结束的时候应该说哪些话，我都一字不落地写了下来。我做完上述准备工作之后，感到既紧张，又兴奋。对我来说，这通常都是一个好兆头。

02.

分享当天，在刚开场的时候，我稍微有些紧张。我觉察到，自己的语速有点太快，声音有些颤抖，动作有些僵硬，不是很放得开。好在之前准备得比较充分，我没有出现太大的失误。

随着课程的不断深入，我感觉自己渐入佳境。听课的学员也变得非常投入，我开始享受整个上课的过程。我分明感觉到，有很多的心流体验正在源源不断地产生。

所谓心流体验（Flow，有时也被翻译成“福流”），就是指一个人将精神完全投注在某种活动上时会产生的一种行云流水、身心合一的感觉。心流体验产生的时候，人会达到一种忘我的状态。

当然，这种美妙的体验可不是随随便便就能产生的。在《专注的快乐》一书中，作者米哈里·契克森米哈赖明确地指出：

“在目标明确，能够得到及时反馈，并且挑战与能力相当的情况下，人的注意力会开始变得凝聚，逐渐进入心无旁骛的（心流体验）状态。”

在这些能够促进心流体验产生的要素当中，“挑战与能力相当”这一条尤为重要。也就是说，只有当你努力提高自己的能力、使之能够战胜眼前的挑战的时候，才会产生心流体验。

于是我努力备课，甚至写下了三万字的逐字稿，最终在课堂中我体会到了心流体验。在这次分享结束之后，学员也给了我很高的评价。这我更加强化了一个信念，那就是：

你必须足够努力，才配拥有心流体验。

03.

在职场上，谁不想拥有一份可以经常体会到心流体验的工作？因为一份具有心流体验的工作，会让你充分沉浸其中，更重要的是，还会让你感觉时间过得飞快。

那些在工作中度日如年的人，经常会说的一句话就是：怎么还没下班呢？然而，那些在工作中经常体味到心流体验的人，经常说的一句话却是：怎么这么快就下班了？

正如前文所说，在拥有这种心流体验之前，我们要付出很多努力。你不可能在自己的能力还无法胜任挑战的时候，就轻易体会到心流体验。

在《专注的快乐》一书当中，作者这样说道：

“唯有不断地投注精力，具有音乐天赋的孩子才有可能成为音乐家，具有数学天赋的儿童才能成为工程师或物理学家。莫扎特固然是神童和天才，但要不是父亲在他一脱离襁褓后立刻逼他练习琴艺，恐怕这份才气也很难开花结果，取得日后的成就。”

我自己也有很多类似的体会。比方说，当我打篮球技术很差的时候，我很难在篮球场上找到心流体验。但是随着球技的不断进步，我就越来越容易在球场上找到心流体验了。

再比方说，当我英语很烂的时候，我也很难从和老外交流的过程中体会到心流体验。别说心流体验了，只要场面不尴尬就算烧高香了。后来随着自己英语水平的不断提升，在和老外进行交流的时候，就更加容易体会到心流体验了。

除此之外，我还发现，当我认真准备幸福课的时候，在课堂上也更加容易产生心流体验。但是当我没有时间充分准备课程的时候，则很难体会到心流体验。

说到这里，我忽然理解了为什么很多负责任的老教师会说，当他们要在新学期开设一门新课的时候，虽然有很大的挑战，但是他们往往会感觉更加兴奋。因为上一门新课，意味着不能再用以前的老教案了，而需要重新花费精力去备课，去迎接新的挑战，但随之而来的收益却是——更多的心流体验。

正如《专注的快乐》书中所说：

“使出浑身力气攀登山峰的登山者，拿出看家本领唱歌的歌手，织出空前繁复图案的纺织工，以及必须更新手法或随机应变以进行手术的外科医生，都最有机会获得心流体验。”

04.

其实在休闲的时候，我们也需要投入足够多的努力，才能产生更多的心流体验。

也可以这样说，只有具有心流体验的休闲活动，才是高质量的休闲活动，才能起到放松身心的效果。

很多人会在工作日盼望着周末的到来，但是真等到周末，却又不知道如何打发空闲时间。最终只不过是躺在床上发发呆，窝在沙发上玩玩手机，或者是漫无目的地看看电视。

这些都属于被动式休闲，根本就不可能产生任何形式的心流体验。如果长期依赖这种被动式的休闲方式，就很容易感到精神空虚，甚至感到生活没有什么意义。

想要在休闲的过程当中产生更多的心流体验，进而起到真正放松身心的效果，那就要选择主动式休闲。当然，这也意味着需要付出更多的努力。

在《专注的快乐》这本书中，作者一针见血地指出：

“想要让闲暇得到最妥善的运用，就得付出工作般的专注与才智。主动式休闲有助于个人成长，但过程却不轻松。”

很多人都明白，读一本有趣的小说要比漫无目的地玩手机更加容易产生心流体验。但是，这种心流体验并不是在翻开书本的那一刹马上那就会产生的。

有时候，你需要耐着性子去读一个冗长的小说开头，先去了解故事的背景和人物介绍，最后才有可能沉浸在扣人心弦的情节中不能自拔。

虽然说，人类的本性就是害怕努力，逃避去做困难的事情。但是，我们如果顺着这种本性走下去，就会走向无尽的空虚。所以我们要经常提醒自己，想得到更高级的心流体验，就必须在休闲的时候付出更多的努力。

在每个星期一下班之后，我都会努力克服自己的惰性，换上一身篮球装备，充分做好各项热身活动，然后去体育馆打篮球。

我知道，如果因为怕麻烦，不去打这场篮球，那么我极有可能是回到住的地方，躺在床上长时间玩手机。之后我就会感觉到一阵莫名的空虚，和美妙的心流体验失之交臂。

不要让病态的野心，阻碍你及时休息

01.

几年前，我一边读研究生，一边利用业余时间在新东方教英语。

为了赚更多的学费，减轻家里的负担，周末时，我平均每天要给学生辅导六到八个小时的英语课程。

有一次我感冒了，喉咙发炎很严重。医生建议我请假，并且告诫我在康复之前不要再长时间讲话了。但是年轻气盛的我，根本没把医生的建议当回事，回到培训机构继续给学生讲课。嗓子疼痛难忍的时候，就喝点水，捏着嗓子继续讲。

要知道，感冒本就是喉咙最脆弱的时候，我却火上浇油，继续给学生上课，一直到实在说不出话来的时候，我才停下。这个时候，喉咙发炎已经相当严重了，导致周围的淋巴结也跟着发炎，在淋巴结密集的地方稍微按一下，就能试到鼓起的一个个小疙瘩。这些都是淋巴结发炎的症状。

于是我赶紧再次去看医生。最终花了好长时间才把喉咙的炎症消下去，但是淋巴结的炎症却长时间没能消下去。

因为只要还待在培训机构，就要不停地讲课说话，咽喉炎就不会好转，肿起来的淋巴结也不会消下去。

后来，因为担心病情加重，我就从新东方辞职了。原本我的野心是，通过几年的努力，成为一位知名的新东方英语老师。就这样，我在新东方的教师生涯草草结束了。

有位医生告诉我说："你这是慢性淋巴结发炎，需要几年甚至更长的时间才能彻底康复。"前些年，我还经常摸着那几个小疙瘩，担心会恶化为更加严重的疾病。好在这两年小疙瘩开始慢慢变小，几近康复。

这就是当初感冒之后没能及时休息造成的恶果。每次摸到这些小疙瘩，我都会在心里暗暗提醒自己及时休息的重要性。生病的时候千万不要硬撑，否则造成的后果很可能是不可逆的。

02.

大概两年前，我经历了一次非常严重的急性肠胃炎，至今记忆犹新。那时我的作息很不规律。经常很晚才睡，然后又自虐式地强迫自己早起，从来不懂得要及时休息。

这样折腾自己，身体素质肯定好不到哪里去，抵抗力也慢慢降低。于是，在吃了一顿辛辣的午餐之后，我犯了急性肠胃炎。

那天下午我正在给学生监考，结果不停地往洗手间跑。上吐下泻，难受无比。在接下来的几天内，我几乎是吃什么吐什么。家人精心熬的小米粥，也没有办法消化吸收，统统给吐了出来。

之前我也得过急性肠胃炎，但是却从来没有如此严重过。去看病的时候，我就忍不住问医生："为什么这次急性肠胃炎这么严重，难道仅仅是因为吃了辛辣的食物造成的吗？"

医生告诉我说："辛辣食物引起肠道感染只是诱因，更重要的原因是你的身体抵抗力太低。"

而身体抵抗力太低又是什么原因造成的呢？我认真地反省了一下，主要还是不懂得珍惜自己的身体，做事情太拼，不懂得及时休息造成的。

那段时间，我本来受邀要去一所学校做公益讲座，但是出于身体的原因，我只好把那场讲座给推掉了。

03.

仔细反思了一下，自己生病大多是不懂得及时休息造成的。

要知道，人的身体就像一个淘气的孩子。假如你不好好对待他，他就会出来淘气。而生病的本质就在于，身体正在通过一种特殊的方式提醒你——该好好休息了。

如果你不接受身体对你的提醒，那么身体就会变本加厉地惩罚你。

比如说感冒的时候，最好的康复方法就是多喝水、卧床休息，扶植身体内在的正气来赶走感冒病毒。

如果你偏偏要和身体对着干，不舒服的时候还要不停地忙东忙西。如此一来，普通的小感冒也会被拖成重感冒，时间久了还会造成鼻窦炎、偏头疼等更加难以治愈的疾病，严重地影响工作和生活，得不偿失。

生命是一场马拉松，不懂得及时休息的人，永远没有办法实现可持续发展。纵使你拥有再大的野心，身体不好又能怎样？

04.

相信上面说的这些道理，大家都懂。那么，隐藏在“做事太拼，不懂得及时休息”这种现象背后的，是一种什么样的心理呢？

如果用一个词来概括，我想答案就是：病态的野心。

我对“病态的野心”的理解是，一个人过于拼命地学习和工作，毫不珍惜自己的身体，动机主要来自于，去补偿那颗自卑的心且希望得到别人的认可，而无法享受整个努力的过程。

因乳腺癌而去世的前复旦大学女教师于娟，在《此生未完成》这本书中曾对自己“病态的野心”有过认真的反思：

“我曾想要在三年半的时间内同时搞定一个挪威硕士学位、一个复旦博士学位。然而博士始终并不是硕士，我拼命日夜兼程，最终没有完成给自己设定的目标，恼怒得要死。现在想想就是拼命拼得累死，到头来赶来赶去也只是早一年毕业。可是，地球上哪个人会在乎我早一年还是晚一年博士毕业呢？

“虽然我极不擅长科研，但是既然走了科研的路子就要有个样子。我曾经的野心是两三年搞个副教授来做做……为了一个不知道是不是自己人生目标的事情拼了命，不能不说是一个傻子干的傻事。得了病我才知道，人应该把快乐建立在可持续的长久人生目标上，而不应该只是去看短暂的名利权情。”

05.

记得在电视连续剧《奋斗》里面，陆涛的父亲曾经对陆涛说过这样一句话："不管开什么车，遇到状况的时候，你都要懂得及时刹车。"

这句话套用在生活当中，无论你正在拼命追求什么样的目标，当你的身体感觉不舒服的时候，一定要懂得停下来及时休息。

以前的我，从来不懂得什么是及时休息，总是一个劲儿地往前冲冲冲，一直到生病了，才停下来休息。

现在的我比以前的我还要忙碌很多，但是我已经知道怎样保证不让自己的身体出问题了。我的秘诀就是——及时休息。

当我觉察到大脑已经很疲惫，不再适合继续看书的时候，我就会果断站起来，出去散散步；如果感觉连续几天都比较忙，睡眠时间比较少，我就会提醒自己一定要想办法抽出时间补个觉；如果最近都是急匆匆地吃饭，亏待了自己的胃，那么我一定会找一个空闲的时间，多花点钱去吃点好的，不紧不慢地享受一顿美食。

然而，知易行难。从知道"及时休息"的重要性到慢慢地能够做到，我经历了很长一段磨合的时间。我开始对自己"病态的野心"有了越来越清醒的觉知，每一次生病，都让我在大脑中进一步强化了"及时休息"的重要性。

亲爱的读者大人，当你在"病态的野心"的驱使下走得太快的时候，别忘记停下来及时休息，好好关心一下自己的身体。

Part 6

心理自助：快速化解负面情绪的实用方法

我喜欢将消极情绪看成天上的一片乌云。有时它会遮挡住太阳，但是不用过于担心，一段时间之后，乌云自然就会飘过，阳光又会洒满大地。

在那个尴尬的时刻，我用这五个步骤化解了愤怒情绪

01.

在一次幸福课上，我遭受到前所未有的挑战。

那是某学期的第一堂幸福课，坐在台下的学生满怀期待，站在讲台上的我踌躇满志。

因为课程是在晚上，我担心学生上了一天的课会有些疲惫，于是就先带领大家做了一些热身的小活动。例如，拍拍手、跺跺脚、和身边的人打打招呼等。

看到大家的情绪都调动得差不多了，我准备进入正题，开始上课。这时，我看到一位学生眉头紧皱，满脸都是不爽的表情。

好奇心害死猫。我忍不住问这名学生："这位同学，你看起来好像心事重重，你有什么特别的感受要和大家分享吗？"

"有什么感受啊……哦，没错，我是有不少感受要说。"这位学生不冷不热地回应道。

接下来，这位学生毫不客气地从我的手中拿过话筒，径直走到讲台中央，无礼地指着我对台下的学生说道：

"我希望大家都能够警惕这样一位老师。肚子里没有什么干货，整天就知道玩一些什么小游戏来哗众取宠。"

听到学生的这些话，当时我就震惊了！但是"悲剧"还没有结束……

这位学生又侧过身来对我挑衅道："你知道吗？如果你真的很厉害，那就给我们讲一些有思想的知识，而不是玩什么糊弄小孩的小游戏！"

听到这些话，我整个人都怔住了，大脑一片空白。

要知道，我上的这门幸福课曾经被学生评为学校最受欢迎的选修课之一，每次上课还有很多没有选上课的同学会慕名过来旁听。

然而这位不知道从哪里冒出来的同学，却在一个美好的晚上，当着台下一百多名听课学生的面，给了我当头一棒！

02.

很快，我心中的怒火就被点燃，并且开始熊熊燃烧。我能明显感觉到，自己的肾上腺素正在飙升。我的口唇开始发干，心跳开始加速，我感觉非常愤怒！

我准备大声和这位学生来一场辩论，我想告诉这位学生："Are you kidding me!?（你是在开玩笑吗？）你还没有真正听过我上课，就凭课前一些热身的小游戏，就断定我上课内容很水，这样轻易评判我，你觉得对我公平吗？"

我承认，我的内心还有一股冲动，那就是——我想运用教师的权威，直接把这名学生赶出课堂，作为对他肆意评判我的惩罚。

但是我知道，这些都是非常不理智的做法，如果真的这样做了，我一定会感到后悔。

我从一数到十，努力让自己的情绪稳定下来，对这位挑衅的同学说道："谢谢你刚才给我提的这些建议，但是刚才你对我的这些评判并不一定是准确和客观的。因为刚才只是热身环节，还没有正式上课。我不知道当你完整听完一堂课之后，是否会改变现在的想法。如果是这样，也麻烦你再次告诉我。"

那位学生听了我的话，没有回答，只是冷笑了一下。我感觉浑身发毛。

接下来，我强装镇定，转身对全班同学说："好了，我们开始上课。"

坦白说，开始上课之后，我还没有完全从刚才的消极情绪当中走出来，我感觉自己的声音有些颤抖。但是我知道，此刻我唯一能做的就是认认真真地把课上好，让听课的同学能够有所收获。

慢慢地，我找回了一些上课的状态。课程当中，很多干货内容，都被我声情并茂地演绎了出来。课堂上很快就欢声笑语不断，同学们一边听课，一边认真地记笔记。

在这个过程当中，我用眼角的余光瞟到了那位挑衅我的学生，他的脸上好像流露出一些愧疚和不好意思的表情。

果然，课间休息的时候，那位学生主动走到讲台上来和我道歉——他说自己之前的举动过于鲁莽，实在是不好意思。

他告诉我说："老师，其实你课讲得很好，很实用，是我误解你了。"

接下来，他还告诉我说，他曾经有过一次被骗的经历。当时他交了昂贵的学费去参加一次所谓的"超强沟通力"培训，结果那次培训什么干货内容都没有讲，只是一个劲儿地给人打鸡血，不停地向听众灌输"要成功，先发疯，两眼一闭往前冲"等诸如此类的狗血理论。

凑巧的是，那一次上课之前，培训师也是先带领底下的学员做了一个类似于我在课前带领大家做的那种热身活动。

我接受了这名学生的道歉，并且问他："你愿不愿意把你的这些感受，跟其他选课的同学分享一下？"他说："可以。"

接下来，他就把自己的这些感受分享给了台下的其他同学，得到了台下同学的谅解。我的愤怒情绪也慢慢消失了。

03.

后来，在读查普曼博士的《愤怒，爱的另一面》一书的时候我才发现，自己在无意中遵循了他在书中所提到的五个化解愤怒情绪的步骤。

第一，明确告诉自己：我生气了！

在做心理咨询的时候，我经常会对来访者说的一句话就是：觉知问题是解决问题的第一步。只有认识到自己身上有问题，我们才能有针对性地解决问题。

同样的道理，只有当你认识到自己已经愤怒的时候，接下来才会考虑如何采取理智的方式去处理愤怒情绪。

遗憾的是，在生活中有很多人已经情绪麻木，丧失了对愤怒的感知力。如果无法感知到愤怒情绪，就谈不上如何有效地去化解了。

第二，克制自己的冲动。

对待愤怒的最好方式，不能压抑，但是也不能放纵。我们都知道，冲动是魔鬼。如果我们不对自己的愤怒情绪进行必要的克制，就会做出很多非理性的行为。

在处理两性关系的时候，有些人一旦愤怒就很容易说一些狠话。虽然说狠话的真正动机可能只是发泄怒气，或者是在确信对方是否能够包容自己。

但是，如果对这些愤怒的情绪不加控制，说了太多“不行就分手”或者是“不行就离婚”的狠话，到最后很可能就会真的“如愿以偿”。

所以说，处理愤怒情绪的一个重要前提，就是要学会克制自己的冲动，保持冷静和理智的状态。

当你感觉自己非常愤怒的时候，不妨先从1数到10。如果还是感觉不够冷静，那么就从1数到100。

第三，对愤怒的想法进行合理性评估。

当学生站出来说我的课程“哗众取宠、缺少干货”的时候，我非常生气。但是，当后来学生告诉我他的被骗经历时，我又觉得这个学生也很可怜，因为他也是一个受害者。

这样一来，我就没有那么生气了。因为一开始我觉得他是在找碴儿，是在针对我。但是后来才发现，他只不过是在找机会发泄他以前被人欺骗的愤怒罢了。

根据认知疗法的相关理论，只要我们能够改变对一件事情的认知，那么我们的情绪也会随之发生改变。

因此，当我们感到愤怒的时候，如果能够及时地对愤怒的想法进行合理性评估，多搜集一些背景信息，然后及时改变自己对一件事情的认知，或许就可以减少一些愤怒情绪。

第四，思考并选择最佳的行动方案。

当你感到愤怒的时候，在采取具体的行动之前，最好这样问一下自己：我将要采取的这项行动真的是最佳选择吗？我这样做到底是为了发泄愤怒还是真的能够促进问题的解决？

当那位学生当众批评我的课程的时候，我的第一反应就是保护自己的名声，然后马上进行反击。这其实是人们在感到愤怒时的自然反应。

但是我告诉自己，这样做不仅无助于问题的解决，还会耽误其他学生上课。于是，我选择了另外一套行动方案——继续上课，然后一面平复自己的情绪，一面通过自己的真正实力来证明“我并不是一名水货，我的课程里面其实有很多干货”。

第五，采取建设性的行动。

你可以允许自己拥有一些愤怒的情绪，但你不一定非要按照愤怒的情绪去行动，最终沦为情绪的奴隶。

所谓建设性的行动，就是指当你感到愤怒的时候，所采取的行动应该有助于问题的解决，同时也有助于关系的维护。

当学生认识到自己的错误，并且走过来向我道歉的时候，其实当时我心中的怒气并没有完全消失。但是我知道，如果此时此刻我采取一些非建设性的行动——例如挖苦学生，对学生说“现在你才知道错了？那么你早干什么去了”，其实都无助于问题的解决和关系的维护。

于是，我就接受了学生的道歉，并且希望他能当众分享他的一些感受。学生也的确给了我面子，照着做了。

最终，这个看似严重的冲突事件也算是成功地被化解了。

七个简单好用的方法，帮你快速战胜焦虑情绪

我是一个生性敏感、很容易感到焦虑的人。我很庆幸自己学了心理学专业，庆幸自己读了很多心理学方面的书。

因为在读书和学习的过程中，我在不断地自我觉醒，然后不断地将学到的方法用于战胜焦虑情绪。我的心态，也因此变得越来越好。

最近我读到了一本如何战胜焦虑情绪的好书——《如何才能不焦虑》，书中一口气提到了二十一种战胜焦虑的方法。我从中挑选出了七个行之有效的方法，在此和各位分享。而挑选这些方法的一条重要标准就是，这种方法一定是在过去的某个时间点，曾经帮助我战胜过焦虑情绪。

01. 转移注意力

宝妈告诉我说，前几天她带着两岁的儿子去打疫苗，别的孩子都号啕大哭，但是唯独咱家儿子没哭。听完我感觉很惊讶，难道是咱家的娃天生骄傲？嗯，我承认是我想多了。原来，宝妈用了一个方法来转移孩子对打针的恐惧。

打针的时候，她告诉儿子说，“来，宝宝，咱们一起数十个数，数到十打针就结束了。”于是，儿子就含着眼泪和妈妈一起数数，一直到针拔出来，都没哭出声来。

我们都会有类似的体验，一旦陷入焦虑情绪当中，就很容易反反复复地去思考同一件事情，无法让大脑停止下来。这个时候，最有效的方法往往是通过运动、读书、看电影等方式来转移自己的注意力，进而从焦虑的情绪当中走出来。

02. 制订计划

在《如何才能不焦虑》这本书当中，有这样一段话：“焦虑产生于一锅浑水中。换句话说，哪里有混乱无序、漫不经心、结构缺失，哪里就有焦虑。为何？焦虑是对危险的感知，而混乱恰好释放着危险的信号。经验告诉我们，当我们对生活没有一点掌控感的时候，潜在的危险往往是最大的。”

在写这篇文章的寒假里，我原本感觉非常焦虑。因为我要在不到一个月的时间里，完成三篇4000字以上的学术论文，并且每周还要写至少两篇以上的订阅号文章，同时还要完成自己给自己制定的读书任务。更不要说，当中还要穿插着走亲访友、陪伴家人等。

后来，我通过制订计划的方式化解了这份沉重的焦虑。我给自己制订了一个详尽的周计划，然后根据周计划制订了日计划。每天我都严格要求自己，不完成当天的任务决不罢休。就这样，我通过制订计划的方式把压力分摊到了每一天，原来的那些焦虑情绪也随着每天任务的完成而渐渐消去。

03.提前演练

提前演练，可以适当消除焦虑情绪。无论你是为即将到来的公开演讲而感到焦虑，还是为即将到来的竞选感到紧张，都可以通过提前演练的方式来化解自己的焦虑情绪。

记得读大学的时候，我特别想竞选班长。但那时的我，还是一个年少羞涩的小青年，最害怕当众讲话之类的事情。但是，我真的好想当班长啊。于是，我就陷入了一种两难的焦虑情绪之中。

后来，我决定通过提前演练这个方法来化解焦虑情绪。我把演讲稿写了下来，背熟了之后，还在宿舍兄弟面前演练了多次。班长竞选那天，虽然很紧张，但是之前的各种演练给了我莫大的信心。最后，我超水平发挥，竞选班长成功。

04.划定边界

在人际交往的过程中，边界模糊就很容易焦虑。之前在做学生管理工作的时候，由于没有什么工作经验，经常会不忍心批评那些和自己关系比较要好的学生。批评他们让我感觉会破坏这种和谐的师生关系，从而让我很容易焦虑。

后来，我认真反思了自己，发现自己最大的问题就是边界不清。老师就是老师，学生就是学生。学生犯错了，如果老师不去批评教育，不去帮助学生更好地成长，那就是老师的失职。后来，我开始尝试着划定边界。我依然会非常关心学生，但是当学生犯错误的时候，我会及时地批评教育，帮助学生认识到问题所在。

实际上，这种带着关心的批评，不仅不会伤害到师生关系，反而会让学生感觉这样的老师更加值得尊敬。

05.变得乐观点

在很长一段时间里，我都坚持将写好的文章在“简书”这个平台上投稿。我通常会在晚上投稿，然后投完稿之后就睡觉。第二天早上一觉醒来，我做的第一件事情就是打开手机看看昨晚投的稿子有没有被编辑采用或者是推荐到首页。

有时候，我发现自己的稿子被拒了，就会感觉到很焦虑。我会忍不住想：是不是主编不喜欢我的写作风格？主编会不会对我形成刻板印象，接二连三地拒掉我的稿子？这些焦虑的想法背后，实际上就是偏悲观的思维方式。

要想化解这一类的焦虑情绪，最好的方式就是变得更加乐观一点——采用更加积极的视角来看待问题。例如，一篇稿子被拒很正常啊，这并不能说明我的写作能力很差。根据之前投稿的经历，写十篇稿子，怎么也会有两三篇稿子被推荐到首页。所以，我能做的就是，继续打鸡血般地写下去，因为总有那么几篇稿子，会入主编的法眼的。

06.不要逃避

当你感到焦虑的时候，一定不要有逃避问题的念头。因为，这只会让你在焦虑的情绪当中越陷越深。我最喜欢读的一本心灵自助读物就是斯科特·派克写的《少有人走的路》，因为这本书开篇就一针见血地指出了逃避问题的糟糕后果：

“规避问题和逃避痛苦的趋向，是人类心理疾病的根源。人人都有逃避问题的倾向，因此大多数人的心理健康都存在缺陷，真正的健康者寥寥无几。有的逃避问题者，宁可躲藏在头脑营造的虚幻世界里，甚至完全与现实脱节，这无异于作茧自缚。”

当你感到焦虑的时候，勇敢面对问题、解决问题，或许这才是战胜焦虑的最佳方式。

07.看淡一点

曾经有一段时间，我特别容易因为一些小事而感到深深的焦虑。后来，我的四叔跟我说了一句话，我觉得自己瞬间就看开了很多事情。他所说的那句话就是：人生除死无大事，一切都会过去。

有一天，我坐在回家的地铁上，忽然悟出类似的道理：我发现，上周我所担忧的一些事情，这周已经都变成了一些微不足道的事情。而这周所担忧的一些事情，相信下周也即将变得微不足道。所以，不要再为那些小事而感到焦虑了。人最重要的事情就是要活在当下，剩下的那些烦恼最终都会随风而去。

最后，再和大家分享一位心理学专家曾经说过的两句话，希望能够帮助大家减少焦虑情绪：第一，不要为琐事担忧。第二，一切都是琐事。

森田疗法的智慧：七个方法帮你战胜抑郁情绪

今天给大家介绍一种充满东方智慧的心理疗法——森田疗法，它由日本精神科专家森田正马教授于1918年创立。

也许有人会说，我又没有心理疾病，干吗要去学习森田方法？

其实，作为一种心理治疗方法，森田疗法除了对于治疗强迫症、恐惧症、疑病症等诸如此类神经症有很好的效果之外，同时对战胜抑郁情绪、保持良好的心态也有非常好的效果。

可以说，森田疗法是一门对每个人都非常有价值的处世哲学。

提起森田疗法，学过心理学的人很容易就想起森田疗法所倡导的核心要义——“顺其自然、为所当为”，但是却往往不知道在实践中该如何去运用这八个字。

在《战胜自己——顺其自然的森田疗法》这本书中，作者施旺红介绍了森田疗法的第二代传人——高良武久博士，根据森田疗法的八字要义所发展出的七种“森田式的生活态度”。下面我就结合自身的体悟，和大家分享一下应当如何在生活中运用森田疗法，战胜抑郁情绪。

需要特别指出的是，我们这里所提到的“抑郁情绪”，是指每个人在生活中都有可能体验到的一种负面情绪（例如痛苦、压抑、自卑等等），和“抑郁症”有着明显不同。“抑郁症”已经属于精神类疾病的范畴，需要接受系统、专业的心理治疗。

01. 端正外表

我的一个朋友，因为工作上的打击而陷入抑郁情绪中不能自拔。好几次约我出来聊聊，但是最终她都临时爽约了。问她具体原因，她说出门打扮自己实在是太麻烦了，她已经没有心力去做这件事情了。

其实，根据森田疗法，越是心情不好的时候，越是应该多花一点时间去打扮自己。因为美好的外表和美好的心情是联系在一起的。要想振作精神，首先要端正外表，多给自己一些积极的暗示。

心情不好的时候，保持“蓬头垢面、不修边幅”的状态只会陷入恶性循环，让心情变得更加糟糕。

02.保持充实的生活

我的一个来访者曾经告诉我说，当他遇到烦心事的时候，就会停下手中所有的事情，一心一意地去思考这件烦心事，企图把这件事给想通之后再去做其他的事情。

然而，这样做，大脑始终无法停止胡思乱想，整个人在抑郁情绪的旋涡当中越陷越深。

“森田疗法”非常重视行动的力量，主张人们通过保持一种充实的生活状态来消除抑郁情绪。森田疗法还提出了“照健康人那样行动，就能成为健康的人”的口号。

2009年，我曾长时间深陷抑郁情绪当中不能自拔。我不停地为未来而担忧，但就是迟迟不肯采取任何行动。后来，我最终从抑郁情绪当中走出来的一个重要原因就是——保持充实的生活状态。

我开始减少胡思乱想的时间，开始一门心思地读书和考证，脚踏实地地去做一些事情，我的心情也终于有所好转。

03.不要长期休养

我们感冒的时候，需要卧床休养。但是当我们的心灵“感冒”

的时候，却不适合卧床休养。

因为此时人的身体，并没有发生任何器质性的病变。卧床休养，只会让心情变得更加糟糕。这个时候，我们应该多采取一些积极的行动，使得情绪慢慢变好。

当人们心情郁闷的时候，很容易出现一些“意志活动减退”的症状，例如，不想做事、不想出门、只想一个人躺在床上发呆等等。这些做法，有害无益。

而此刻我们需要做的就是，多去做一些能够改变现实的事情。例如，打扮自己、打扫卫生、读书学习、参加一些社交活动等等。

04.要正视现实

正视现实就意味着不要逃避问题。逃避问题，也许会让你躲开暂时的痛苦，但是你却将因此而陷入更大的痛苦，深陷抑郁情绪当中不能自拔。

要知道，逃避痛苦的倾向，是很多心理疾病的根源。逃避问题的结果就是，自己的潜力始终得不到发挥，整日被抑郁情绪所缠绕，最终退到无路可退，人生的道路越走越窄。

而正视现实，就意味着勇敢去面对人生中一个又一个的难题，然后把这些难题当成是成长的机会。

当你把这些难题接连踩在脚下的时候，你就会发现，自己的心灵也在不断成长，心智也在不断成熟。

05.不做完美主义者

过于追求完美主义的人，很容易陷入抑郁情绪当中。因为他们会对生活中那么多美好的事物视而不见，转而去关注那些不完美的事物。

我的一个学生小凯，是一个典型的完美主义者。在别人的眼中，他是一名非常优秀的男孩。他长得又高又帅，被很多女生追求过。而且，他一直都在坚持自学英语，练就了一口真假难辨的美式发音，在很多次英语演讲比赛中都夺得了冠军。

然而，有一天，小凯跑过来跟我说，他被医院的心理咨询科诊断为抑郁症。当时我感觉好惊讶。不过在和他交谈的过程中，我发现了一些端倪：他对自己所取得的那些成就总是会轻描淡写，但是却会对自己没有达成的目标一直耿耿于怀。例如，他多次跟我说，竞选学生会主席失败，对他的精神造成了极大的打击。他甚至觉得，自己都没脸见人了。

小凯所表现出来的，其实就是一种典型的苛求完美的心态。我们很难用一两句话去说明白，如何才能摆脱完美主义的心态。但是我觉得接纳自己和这个世界的不完美，是每个想要保持心理健康的人的必修课。

我自己曾经也是一个非常苛求完美的人，后来我系统阅读了一些如何治疗完美主义的书，感觉非常受用，在这里推荐给大家：《幸福，超越完美》、《接纳不完美的自己》、《脆弱的力量》。

06.通过行动去获得自信

森田疗法的继承人高良武久博士认为，许多事情并不一定非要等到有了自信之后才去做。恰恰相反，我们只有先去做事情，才能慢慢产生自信心。

具备抑郁情绪的人，在做事情的时候往往缺乏必要的自信。他们会显得优柔寡断，迟迟不肯采取行动。但是假若一个人迟迟不肯采取行动，那么永远都无法获得真正的自信。

这一点，在心理学家班杜拉的自我效能感理论当中也可以得到证实。根据自我效能感理论，人的自信心最主要的来源之一就是成功的经验。

当一个人积累的成功经验越多，那么这个人就会感觉越自信。而如果想要积累足够多的成功经验，唯一的方法就是离开自己的舒适区，不断地去采取行动。

07. 不要急于求成

当我们感到抑郁的时候，往往希望能够快速摆脱这种精神上的痛苦。但是最终的结果往往是事与愿违——越是想摆脱抑郁情绪，越是会在抑郁情绪中越陷越深。这就如同一个人失眠的时候，越是告诉自己要赶快睡着，越是容易更加清醒一样。

森田疗法讲究“顺其自然”。对待抑郁的情绪，我们应当顺应情绪产生、发展和消亡的规律。

我喜欢将消极情绪看成天上的一片乌云。有时它会遮挡住太阳，但是不用过于担心，一段时间之后，乌云自然就会飘过，阳光又会洒满大地。

因此，当我们正在经受抑郁情绪的时候，不要强求这种消极情绪马上消失，而应当学会接纳这种情绪，并且做到“为所当为”——该工作的时候就去工作、该学习的时候就去学习，哪怕心情低落、哪怕工作和学习的效率都很低。

只要坚持去做一些有意义的事情，回过头来就会发现，抑郁情绪已经悻悻地退了下去。

心情总是莫名低落？那就用这六个方法来逗自己开心啊

讲真，“逗自己开心”是一项特别重要的能力。实际上，这项能力反映着你情商水平的高低！因为在情商的定义里，包含这两项重要的能力——“管理自身情绪的能力”和“自我激励的能力”。

因此，当你心情低落的时候，如果能通过一些有效的方法把自己给逗开心了，那就说明你很擅长进行自我情绪管理以及自我激励。同时也说明了，你是一个情商很高的人。

下面，我们就来介绍六个“逗自己开心”的具体而又实用的方法。这些方法都是亲测有效哟！

01.去做有氧运动

有成堆的科学研究发现，有氧运动是摆脱轻度抑郁以及其他消极情绪的最佳方法之一。实际上，在治疗抑郁症方面，有氧运动居然和抗抑郁药物有同样的效果。

那么，为什么有氧运动在促进好心情方面会有如此神奇的效果呢?

这是因为运动能够促进大脑分泌一种叫作“内啡肽”的“快乐因子”。当大脑中分泌的内啡肽越多，我们的心情就会越愉快。

或许有人会说，运动太麻烦了，尤其是在冬天，还要换衣服什么的，多么不容易坚持啊!

的确，每次去运动之前，我也经常会反复挣扎。坚持一件事的确很难，但是我们可以借助于习惯的力量啊。也许开始的时候会痛苦，但是一旦形成运动的习惯，每次运动之前就不会挣扎那么久了。

另外，我们还可以在脑海中不断强化运动之后那种美妙感觉的记忆，从而激励自己坚持去运动。

想想看，每次运动完之后，冲个澡，浑身舒爽，精神焕发，那种感觉真是让人欲罢不能啊!

02. 去愉悦感官

我们的人体有五觉：听觉、视觉、嗅觉、味觉、触觉。而愉悦感官，就可以从这五觉下手。需要提醒一点的是，愉悦感官一定要坚持“适度”原则，否则，快乐就会变成痛苦。

在听觉方面：心情不好的时候，就去听好听的音乐啊。我个人最喜欢听民谣歌曲，因为感觉民谣更能把那种细腻的感情抒发出来。苏阳、万晓利、赵雷、姜昕、郝云、丽江小倩，这些都是我最爱的民谣歌手。

在视觉方面：心情不好的时候，可以去欣赏美景或者是去看电影啊。喜剧、励志片什么的都可以啊。那种悲伤的爱情故事，还是算了吧。

在嗅觉方面：对气味比较敏感的人，可以去了解一下芳香疗法。有条件的话，可以去买一台香薰机，闻好闻的气味可以改善心情哟。

在味觉方面：当人们感到心情不好的时候，可以去吃点甜食啊。无论是一块巧克力，还是一根香蕉，都会让你的心情好一点。这里需要特别注意的一点就是，当人们在心情低落的时候，往往也是自控力最差的时候。这个时候也很容易暴饮暴食，从而对肠胃造成不必要的负担，会长胖哟！

在触觉方面：泡个脚、洗个热水澡、寻求一个大大的拥抱等等，都可以帮你达到减压、恢复心情的目的。

03.去获得小小的成就感

心情不好的时候，我们很容易缺乏做事的动力。这时候，我们可以去做一些容易完成的小事，来改善自己的心情。例如，把凌乱的桌面收拾干净。其实，收拾东西的过程，也是收拾心情的过程。

如果你的电脑桌面上堆满了杂乱的文件，那么你也可以在心情低落的时候，去整理一下电脑桌面——把文件进行分类管理，把不用的文件果断地扔进回收站。

要知道，那些很少用到的文件，就那样乱七八糟地摆放着，不仅占据了很多物理空间，对我们的心理能量也是一种持续的消耗。这不是我在瞎说，不信去读读《断舍离》这本书，里面讲的是同样的道理。

04.去帮助别人

心情低落，往往起源于对自己那点小情绪的过度关注。

而帮助别人，则可以让一个人从自己的世界当中走出来，把更多的注意力投向外部世界。这样一来，就不会一直沉浸在自己的世界而整日感到郁郁寡欢了。

帮助别人的过程，也是一个帮助我们自己寻求价值感的过程。想想看，当你教会一名长辈如何使用微信的时候，当你在地铁上给一位老人让座位的时候，当你帮同学修好电脑的时候……相信你都会从给予别人的过程中，感受到一种价值感。

弗洛姆曾经在《爱的艺术》一书中这样写道：“‘给’比‘得’带来更多的愉快，这不是因为‘给’是一种牺牲，而是因为通过‘给’表现了我的生命力。”

05. 去读鼓舞人心的好书

我发现，当自己心情低落的时候，对知识的感受性特别强。这时候，读一些“对路”的好书，总会有种“啊，这书简直就是为我而写”的感觉。

有些书，在你心情好的时候，翻都不想翻一下。但是当你心情不好想要寻求解药的时候，最害怕的事情竟然就是翻到了书的最后一页——这时作者便不再继续陪伴你了，除非你把书重新读一遍。

下面，就和大家分享一下那些在我感到心情低落的时候，陪我走过艰难时光的好书吧：

《少有人走的路》《脆弱的力量》《人生的智慧》《活出生

命的意义》《此生未完成》《精力管理》《如何停止忧虑，开创人生》《幸福，超越完美》《为何家会伤人》《爱的五种语言》。

06.去亲近大自然

一位英国的研究人员在伦敦的两个街区做了一项有趣的研究，而这两个街区的唯一区别就是：森林的覆盖率有所不同。

研究发现，街区的绿色树木越多，居民的抗抑郁药物消耗得就越少。也就是说，生活在树木繁茂的街道，人们会更少地感觉到抑郁。

色彩心理学的相关研究也发现，绿色更加容易让人产生心神宁静的感觉。

当你感觉心情不好的时候，那就去亲近一下大自然吧。你可以到离家不远的公园去溜达一圈。如果你的住处离公园太远，你也可以在室内养点花花草草什么的，刻意为自己营造一些绿色的景观，一样可以舒缓心情。

以上，我们给大家提供了一些比较实用的方法来逗自己开心。其实，整篇文章都在传达这样一个核心理念：那就是在心情不好的时候，“做点什么”往往比“想点什么”更加管用哟！

六个神奇的问题，可以帮助你的心情由阴转晴

记得有一次，我正参加一个心理咨询技术的培训班。在培训的那两天，我的心情一直都很低落，每天都是心事重重地去上课。

那次心理培训班的主题是焦点解决短期治疗（SFBT）。这种疗法的与众不同之处在于，它更加聚焦于问题的解决，而不是问题原因的探究，因此具有很强的实用性。SFBT的核心主张在于，通过充分挖掘来访者自身的资源和潜力，来唤起来访者对未来的愿景，从而促进来访者自身问题的解决。

当我心情不好的时候，碰巧老师在课堂上讲到了SFBT当中的"经典六问"。这个"经典六问"，正是SFBT核心理念的浓缩。抱着试一试的态度，我自己一边扮演心理咨询师，一边扮演来访者，

自问自答了这六个问题。

一个一个问题回答下来，我发现自己的心情竟然慢慢变好了。下面，结合许维素老师的《建构解决之道：焦点解决短期治疗》这本书以及自己之前所接受的培训，来和大家分享一下这六个神奇的问题。希望当你心情不好的时候，这六个问题也同样可以帮助你恢复心情。

01.你现在的状态如何

问自己这个问题的时候，我的状态真的很差。首先是自己感冒了，然后是我家宝宝也感冒了。宝宝晚上起来哭了好多次。宝妈更是辛苦，孩子一哭，她就起身抱哄。前一天晚上，大人和小孩都没怎么休息好。

这种情况下，本来我都不想过来参加培训了。但又有些心疼培训费，心疼浪费一次宝贵的学习机会。于是，我便挤了两个小时的地铁，赶到了培训场地。而培训开始的时候，我又开始频频担心家里的孩子。那个时候，我感觉自己面临的最大问题就是没有办法兼顾好家庭和工作。

碰到问题的时候，如果憋在心里就很容易发酵成更大的心事。然而当我把此刻的心情表达出来之后，我觉察到自己的心情好了很多。我们知道，把自己的情绪表达出来是一件很重要的事情，用一句话概括就是："说出来，就好了。"当我把自己的状态真实地表达出来之后，我也的确感觉心情好受了很多。

02.为什么你的情况没有变得更糟

大部分人在碰到困难和挫折的时候，很容易责怪自己的能力不够强大，痛恨自己的现状没有马上得到改变。而尝试回答这个问题，却能帮助我们发现自己身上已有的伟大之处。

我们应该尝试告诉自己：**"生活如此糟糕了，我竟然能够撑下来，已经很了不起了。"**

想想也是，当时自己的身体不舒服，晚上也没怎么睡觉，心情一点都不好，竟然还能坐两个小时地铁过来参加为期两天的培训，的确已经很厉害了。想到这里，心情又好了很多。

具体来说，支撑我过来参加培训的两个主要因素是：

第一，家人的支持。其实，老婆很想让我陪在身边。但是她知道我很看重培训和各种发展机会，所以口头上不断安慰我说，"没事，安心去参加培训吧。"这让我在出门的时候很感动。

第二，对未来的期待。我在内心始终相信，困难都是暂时的，美好的未来是必然的。我相信通过不断努力，自己的身价会不断提升，这样就会给自己赢得一个更加美好的未来。

03.在过去什么时候，你曾比较成功地处理过此类问题

我们知道，凡事都有例外。也许我们现在很难解决好当下的问题，但是我们过去在处理此类问题的时候，一定积累过相应的成功经验。这些成功的经验，就是例外时刻。通过回答这个问题我们可以发现，其实答案就在我们心中。

那么，在平衡工作和生活方面，自己有哪些成功的经验吗？仔细回顾了一下之前的经验，我发现最重要的一条就是：如果因为工作不能增加陪伴家人的时间，那就要去提升陪伴家人的质量。

由于工作单位离家太远（来回一趟4个小时左右），加上晚上经常要给学生上课，所以周一到周四的晚上我经常会住校，然后周五晚上才回家。也就是说，之前回家的时间比较少。而之前比较成功的做法就是，只要一回家，我就会努力做到提高陪伴家人的质量——尽量少玩手机，认真地和家人交谈、全神贯注地陪伴孩子。如此一来，家庭关系依然亲密而又温馨。

于是我就告诉自己说：“先安心参加培训吧，把当下的事情做好。等到培训结束后，再回家全身心地陪伴家人。”

04.能否描述一下你所希望的理想结局

这个问题旨在通过让当事人想象一下未来的美好场景，来激发当事人对未来的希望，从而产生继续生活下去的动力。尼采曾说过：“知道为了什么而活着的人，什么样的生活都能忍受。”

那么，自己的理想结局是什么呢？哇，这简直就是我最喜欢聊的一个话题了。因为只要想象一下未来的美好画面，都会感觉很幸福。

我的希望是，在未来自己可以写出几本畅销书，并且能够谈到较高的版税条件，这样就可以有稳定的稿费收入了。

但是请别误会我。不是我太想赚钱，而是我想通过赚更多的钱，换取更多的自由时间去陪伴家人。

这样一来，在寒暑假的时候，我就能和家人一起多出去旅旅游。至少，每个周末都能抽出一段时间和家人一起心情平缓地散个步。总而言之，我就是希望自己在未来能够有钱且有闲，这样才能平衡好工作和生活。想到这个美好的画面的时候，我对未来更加有信心了。

05.请评估一下你的现状，并且考虑如何才能向前迈进一步

把这个问题阐述得更加具体一点就是，从0到10，你会给自己现

在的状态打几分？如果需要向前前进1分，你又会做些什么呢？

采用这种评估方式，就可以把我们的心情和目前的情境状态给量化，从而促进我们迈出一小步去改变现实。

在新版《西游记》当中，唐僧曾经对想要半路溜走的孙悟空说过这样一句发人深省的话：“多走一步，就离目标更近一步。”

如果要给自己当时的状态打分，我会给自己打5分。于是我要面临的下一个问题就是：如果想要前进1分，我应该做些什么呢？

首先，我想要见缝插针式地多抽出一点时间来高质量地陪伴家人。为此，我为下周做了一个计划，无论多累，下周我都准备回家至少两次，以弥补周末不在家陪伴的遗憾。

另外，我告诉自己，既然已经过来参加培训了，那就要专心致志地学习，把学到的东西努力付诸实践，这样才能好好地发挥知识的价值。这不，写这篇文章本身其实就是对所学内容的一个复习和反思。

06.你的重要他人会期待你有何改变

这个问题旨在调动当事人身边重要他人的力量，来发现解决问题的思路。例如：“假设带着这个问题去问你最信任的老师，他会给你什么建议呢？”“如果爸爸知道你现在的处境，他会支持你怎么去做呢？”

对于未来，我自己有很多宏大的设想。同时我也是个追求完美主义的处女座。因此，我希望自己方方面面都能处理好，能够非常好地平衡好家庭和事业的发展。但是，如果想要事事做得完美，那只是一厢情愿，因为这是一个人的精力所不能允许的。这个时候，就需要听听重要他人的意见。

每当我把自己的宏大愿望说给自己的家人听的时候，家里人大多数时候只是简短地回应道：“我只希望你能够身体健康，平平安安的。”

家人的这种反馈，一方面会让我心里感觉非常温暖。另一方面，也中和了我的部分野心，从而让我树立了一个更加贴合实际的事业发展目标。

当我回答完这六个问题的时候，心情平复了很多，思路也渐渐理清了，对未来又重新充满了希望和信心。

三种超简单的冥想方法，帮你重新焕发活力

01.

当我第一次接触冥想的时候，我感觉这是一种有点邪乎，甚至是有些故弄玄虚的身心放松方法。

但是随着我对冥想了解的逐步深入，尤其是从冥想当中不断受益之后，我改变了原来对冥想的偏见。现在的我，经常会在一个头昏脑涨的下午，冥想上一段时间，从而快速地恢复精力，为晚上即将到来的课程讲授做好充分的准备。

心理学界对冥想的研究始于20世纪60年代。有研究者将冥想定义为一种“通过身心的自我调节、建立一种特殊的注意机制，最终

影响个体的心理过程的一系列练习”。

不得不说，冥想的好处实在是太多了。心理学家们通过一系列的实证研究发现：冥想对于减少焦虑、缓解抑郁，甚至是对于一些机体疾病的治疗都有很好的辅助疗效。

在大卫·米契著的《冥想》一书中，作者也提到了冥想的诸多好处：冥想可以降低血压，缓和心跳；可以强化免疫系统，使人不感冒；可以改善癌症病人的睡眠质量，降低患心脏病的概率；可以促进DHEA的分泌，延缓衰老；可以提升专注力，让人更加积极地面对挑战。

其实，冥想对身心的这些益处并不难理解。中医里面有这样一种说法：**心定则气顺，气顺则血畅，气顺血畅则百病消。**而冥想，就是一种让人可以“心定”的方法。

02.

冥想的方法有很多种，下面重点介绍三种比较容易上手的冥想方法：

第一种冥想：呼吸冥想

第一步：在坐垫上盘腿而坐。如果你无法盘腿，可以坐在椅子上，建议小腿交叉；同时把手放在膝盖上；挺直腰杆，肩膀放松，头部稍稍往前倾；脸部放松，合上双眼。

第二步：设置一个冥想的宣言目标。例如：冥想可以让我感到平静又放松；冥想可以让我做事情更有效率，让我更快乐；等等。并且把这个目标复述三遍。

第三步：开始深呼吸，从一数到十，周而复始。呼吸时把注意力放在鼻尖触，感受空气进出的感觉。当我刚刚开始冥想的时候，注意力很容易游荡到他处。例如，今天发生的一件烦心事，隔壁有人在说话，等等。这些都叫妄念。而你需要做的就是把注意力重新找回来，集中在鼻尖处。

第四步：如果你刚刚开始冥想，建议你冥想的时间大约控制在10到15分钟的样子。冥想快要结束的时候，重复一下你之前给自己设置的宣言，然后慢慢地睁开双眼。

有的人在进行呼吸冥想的时候，总是会感觉有太多的烦心事，无法让自己的心真正静下来。其实你可以这样告诉自己：我还有23小时50分钟可以用来考虑那些烦心事呢，而在这10分钟的冥想时间里，我要让自己的大脑彻底放空。

第二种冥想：行禅

和静坐式的呼吸冥想不同，行禅属于一种运动式的冥想。没错，冥想不一定非要坐着，行走的时候也可以冥想。具体方法如下：

第一步：规划行走的路线。你可以选择在室内行走，也可以选择在室外行走。如果选择在室外行走，最好选择平坦无障碍的空地。

第二步：选择好路线后，就开始自然地行走，两臂在身体两侧自然摆动。

第三步：走路的时候“放宽”注意力，停止内心的各种杂念，只是注意体会各种各样的感觉。例如，脚步与地面接触的感觉，闻公园里面鲜花的味道，听小鸟的叫声，等等。

第四步：如果走路时，你的注意力会不自觉地去思考一些烦心事，那么就停顿一下，把注意力重新拉回。记住，“行禅”注重的是去体会走路的感觉，或者是抱有一颗孩子般的好奇心去打量这个世界。

在《旅行的艺术》一书中，我曾经读到过一则趣闻：“从1799年到1804年，亚历山大·冯·洪堡尝试了一次环绕南美洲的旅行，后来将描写他所见的文章命名为《新大陆赤道地区之旅》。在洪堡开始旅行的9年前，也就是1790年的春天，一个27岁的法国人，塞维尔·德·梅伊斯特，进行了一次环绕他的卧室的旅行，后来将描写他所见的文章命名为《我的卧室之旅》。”

读完这段话之后，我感觉这个叫塞维尔的法国小伙子实在是太有才了！他，竟然会有要在自己的卧室进行一番旅行的念头。虽然我们每天都在卧室睡觉，但是有谁真的能够把卧室认真地观察一遍呢？这种在卧室中旅行的精神，实际上和“行禅”体现出来的精神有异曲同工之妙。

第三种冥想：物件聚集冥想

所谓物件聚集冥想，就是一种将所有的注意力都锁定在一件特定实体对象上的冥想。在选在实体对象方面，你可以就地取材，例如一朵鲜花、一个杯子、一块巧克力等等。

第一步：先稳定一下情绪，深呼吸几次，然后再选定进行冥想的对象。

第二步：把所有的注意力都放在这件选定好的物品上。然后让自己的眼睛就像一台扫描仪一样，认真地去观察这件物品的所有细节。例如物品的颜色、质地、纹路、线条等等。

第三步：努力屏蔽大脑中的各种噪音，放慢思考的速度，只是慢慢地观察眼前的这件物品。也许你会发现，即使是一件平淡无奇的物品，身上也隐藏着很多含蓄的美好。正所谓，一花一世界。

当我们用手机浏览朋友圈或者是看各种各样的新闻的时候，我们的注意力总是会被快速地分散。这个时候，我们的心也很难真正地静下来，进而受累于各种各样的杂念。而当你能够专心致志地进行物件聚集冥想的时候，你会发现：自己的心能够静下来，并且能够享受眼前的“无用之美”。

03.

下面，我想交两份作业。这两份作业分别是我在练习“行禅”和“物件聚集冥想”之后写下的文字。

第一，关于练习“行禅”之后的感受。

这是在一个星期天的早晨，我散完步之后写下的几行小诗：

喜欢周末的早晨去散步，
因为这时看到的人们，
已经不再像往常工作日那般忙碌。

喜欢周末的早晨去散步，
带上轻松的心情，
换上舒服的装束。

喜欢周末的早晨去散步，
认真地感受着脚步和地面的接触，
花花草草仿佛都在和我打招呼。

喜欢周末的早晨去散步，
忘掉心情的反反复复，
留出一颗透明的心，
去把这个世界重新感悟。

喜欢周末的早晨去散步，
趁着那颗世故的心还没苏醒，
趁着烦心的事还未涌上心头。

喜欢周末的早晨去散步，
带上一颗童心，
用轻盈的脚步，
去感受走路所能带来的简单幸福。

第二，关于练习“物件聚集冥想”之后的感受。

那是在一个早晨，我在盯着一个订书机观察了很长时间之后，写下的几行小诗：

他穿着蓝色的外衣，
带着工匠的气息。
平时的他，
不言不语。
关键时刻，
却能完成致命一击。